Büro-Spicker

Verkaufs-psychologie

W0051773

Rahild Neuburger

Compact Verlag

Bisher sind in dieser Reihe erschienen:

Business English

Englisch Konversation

Englisch Korrespondenz

Englisch telefonieren

Fremdwörter

Knigge für den Beruf

Konferenzen und Meetings

Konfliktmanagement

Kreativitätstechniken

Marketing Grundwissen

Mitarbeiter richtig führen

Mobbing

Office Management

Projektmanagement

Selbstmanagement

Verkaufspsychologie

Zeitmanagement

© 2008 Compact Verlag München
Alle Rechte vorbehalten. Nachdruck,
auch auszugsweise, nur mit ausdrücklicher
Genehmigung des Verlages gestattet.
Chefredaktion: Dr. Angela Sendlinger
Redaktion: Anke Fischer
Produktion: Wolfram Friedrich
Titelabbildung: Yuri Arcurs, fotolia.de
Typografischer Entwurf: Axel Ganguin
Umschlaggestaltung: Axel Ganguin

ISBN 978-3-8174-7807-1
7178071

Besuchen Sie uns im Internet: www.compactverlag.de

profitiert. Idealerweise stellt der Kunde somit einen ernst zu nehmenden Partner des Verkäufers dar, der ihm hilft, seine Probleme zu lösen. So kann beispielsweise ein Verkäufer von PC-Produkten für den Kunden zu einem Partner für gutes Drucken werden, an den sich der Kunde im Idealfall in allen Fragen des Druckens wenden kann.

Auf einen Blick

Als Entwicklungsschritte lassen sich erkennen: Kundenorientierung und Kundenbindung werden immer wichtiger. Versuchen Sie als Verkäufer daher,

→ als dauerhafter Partner und zuverlässiger Problemlösungsexperte aufzutreten,

→ dem Kunden bei der Lösung seiner Probleme zu helfen,

→ und dadurch eine Win-win-Situation herzustellen, die auch vom potenziellen Käufer so wahrgenommen wird,

→ sodass sich der Kunde gerne wieder an Sie als kompetenten Berater wendet.

1.4 Basis: Das Wichtigste zu Kommunikation und Motivation

Damit ein Verkäufer Verkaufsverhandlungen möglichst optimal anlegen und führen kann, muss er zunächst wissen, welche Faktoren die Kommunikation mit dem potenziellen Käufer und damit letztlich das Verhalten beeinflussen. Auf der Seite des Verkäufers handelt es sich v. a. um die Kommunikation, auf der Seite des Käufers v. a. um die Motivation, die letztlich auch von dem Verkäufer gezielt anzusprechen ist. Um beide Aspekte geht es im folgenden Kapitel.

Kommunikation – welche Faktoren beeinflussen wie?
Prinzipiell können Verkäufer – aber auch Käufer – sprachliche und nicht sprachliche Signale senden und wirken lassen. Sprachliche Signale sind z. B.
- die gesprochene Sprache, aber auch
- sogenannte paralinguale Signale, zu denen Stimme und Sprechweise zählen; typische Beispiele sind Stimmvariation, Sprechgeschwindigkeit oder Sprechrhythmus.

Zu den Elementen nicht sprachlicher Kommunikation zählen typischerweise
- der Körper – z. B. durch Kleidung, Aufmachung, Körperhaltung, Mimik oder Gestik,

- die Objekte – z. B. die Möblierung oder die Verkaufsobjekte,
- der Raum – z. B. die Landschaft, das Gebäude oder das Klima.

All diese Elemente wirken zwar außerhalb der Sprache, stehen jedoch in starker Wechselwirkung mit ihr. So gilt der Einsatz von Mimik oder Gestik als typisches Mittel zur Sprachverstärkung. Gerade in Verkaufsgesprächen spielt dies eine entscheidende Rolle, die man kaum überbewerten kann. Kein Verkäufer wird erfolgreich sein, der lediglich sprachlich die Qualitäten des Produkts in den Himmel hebt, durch seine Mimik jedoch verdeutlicht, dass er von diesen Qualitäten eher wenig hält.

Vor diesem Hintergrund können ein paar Grundregeln für den Erfolg versprechenden Einsatz von sprachlichen und nicht sprachlichen Elementen entscheidend für den Erfolg eines Verkaufsgesprächs sein.

Die Verständlichkeit sprachlicher Äußerungen im Verkaufsgespräch lässt sich beispielsweise dadurch erhöhen, dass
- vorwiegend positive statt negative Sätze verwendet werden,
- aktive statt passive Sätze verwendet werden,
- die Äußerungen einfach, gegliedert, prägnant und stimulierend sind.

Einfach formulieren

Jeder noch so komplexe Sachverhalt kann einfach dargestellt werden, wenn folgende Regeln beachtet werden:

- einfache statt komplizierte Darstellung
- kurze, einfache statt lange oder verschachtelte Sätze
- geläufige statt ungeläufige Wörter
- erklärte statt nicht erklärte Fachwörter
- konkret statt abstrakt
- anschaulich statt unanschaulich

Gegliedert formulieren

bedingt, dass eine Art „roter Faden" erkennbar ist, der sich durch die einzelnen Sätze zieht. Erreichen lässt sich dies durch

- auch nach außen hin gegliederte statt ungegliederte Äußerungen,
- folgerichtige statt zusammenhanglose Ausführungen,
- übersichtliche statt unübersichtliche Äußerungen,
- eine gute und nachvollziehbare Unterscheidung von Wesentlichem und Unwesentlichem,
- eine zugrunde liegende Reihe anstelle eines Durcheinanders.

Prägnant formulieren

Dies lässt sich erreichen durch

- kurze statt langatmige Äußerungen,

- die Konzentration auf das Wesentliche statt die Ergänzung nicht notwendiger Einzelheiten oder sprachlicher Entbehrlichkeiten wie z. B. Füllwörter oder Phrasen,
- aufs Ziel konzentrierte statt abschweifende Äußerungen.

Zusätzliche Stimulanz

lässt sich z. B. über Reizwörter, humorvolle Formulierungen, rhetorische Fragen oder auch Bildmaterial erzielen. Es handelt sich somit um diejenigen Maßnahmen, die die Aufmerksamkeit und das individuelle Interesse des Informationsempfängers anregen sollen. Erreichen lässt sich dies durch

- anregende statt nüchterne Ausführungen,
- interessante statt farblose Äußerungen,
- abwechslungsreiche statt gleichbleibend neutrale Äußerungen,
- persönliche statt unpersönliche Äußerungen.

Aber: Verkaufsgespräche dürfen nie einseitig sein. Einem guten Verkäufer gelingt es nicht nur, seine Äußerungen verständlich zu vermitteln; er lässt zwischendurch auch den Kunden zu Wort kommen. Konkret lässt sich dies z. B. mit Fragen oder durch den gezielten Einsatz zustimmender sprachlicher Äußerungen wie „aha", „ja" oder „genau" sowie durch nicht sprachliche Signale erreichen. Zu diesen zählen z. B. Kopfnicken oder entsprechende aufmunternde Gestik. Werden dagegen bremsende Reize gesendet – wie z. B. Kopfschütteln, Stirnrunzeln, Stoppzeichen der Hände etc. –, wird der Kunde weniger sprechen oder sogar zu sprechen aufhören. Dies kann zu einem vorzeitigen Ende des Verkaufsgesprächs führen.

Zwei weitere nicht zu unterschätzende Einflussfaktoren sind Tonfall und Lautstärke der Stimme. So vermittelt ein lauter Stil Dominanzgefühle, während ein sanfter Tonfall eher zu Gefühlen der Unterlegenheit oder der Unterordnung führt. Die größte Überzeugungskraft ist bei mittlerer Lautstärke gegeben; sie sinkt sowohl bei geringerer als auch bei höherer Lautstärke.

Aber auch die nicht sprachlichen Kommunikationselemente sind nicht zu unterschätzen. Zu ihnen zählen – wie oben schon erwähnt – das Umfeld sowie die Körper der Interaktionspartner. Faktoren wie die geografische Lage des Verkaufsraums, die Eindrücke auf dem Weg zu diesem Raum, die Ausblickmöglichkeiten aus dem Raum sowie die Gegebenheiten im Raum wie Farbgebung, Temperatur- und Lichtverhältnisse, Möblierung und Ausstattung haben einen maßgeblichen Einfluss darauf, ob sich der Kunde wohlfühlt, ob er positiv gestimmt ist oder ob er in eine eher negative Grundstimmung verfällt. Insofern gehen gute Verkäufer auch hier zielorientiert vor und sorgen dafür, dass

- ein bequemer Raumzugang, eine nicht beengende Raumgröße, eine angenehm temperierte Luft sowie sitzbequeme Möblierung die Verkaufsatmosphäre positiv beeinflussen,
- sich der Kunde in sitzender Stellung befindet, was zu einer entspannten Stimmung verhelfen kann,
- Verkäufer und Käufer sich nicht direkt, sondern schräg gegenübersitzen,
- Gestaltung und Anordnung aller im Raum vorhandenen Objekte wie Möbel, Lampen, Blumen, Pflanzen etc. die Atmosphäre positiv beeinflussen,
- Verkaufsobjekte bzw. -gegenstände real und nicht in Text- oder Bildform gezeigt werden, da dies generell als stärker veranschaulichend gilt als reines Demonstrationsmaterial.

Infobox

Auch wenn man sich über die tatsächliche Wirkung von Farben in der Verkaufspsychologie noch nicht ganz einig ist, darf auch die Farbgestaltung des Raumes nicht vernachlässigt werden. So sollten nicht nur Trauerfarben, sondern auch die Farbe Rot vermieden werden. Denn sie gilt als Auslöser für Erregung sowie sexuelle und aggressive Vorstellungen. Dagegen lässt sich die Assoziation „sicher, behaglich", die generell für Verkaufsumfelder geeignet erscheint, v. a. durch die Farben Blau, Grün und Braun erreichen.

Aber: Raum, Farbe und Licht können noch so ansprechend gestaltet sein; sitzt der Kunde einem Verkäufer gegenüber, der seine negative Stimmung schon durch seine Körperhaltung verdeutlicht, wird es zu keinem erfolgreichen Verkaufsabschluss kommen. Daher sind auch die körperbezogenen nicht sprachlichen Elemente nicht zu vernachlässigen. Denn durch Haltung, Gestik und Gesichtsausdruck lassen sich sprachliche Äußerungen entweder unterstreichen oder infrage stellen. Mitunter können sie sogar völlig an die Stelle sprachlicher Äußerungen treten – man denke nur an ein zustimmendes Nicken, Lächeln oder Schulterzucken. Zur Sprache ohne Worte sind aber auch Kleidung und Aufmachung zu rechnen. Häufig wirken sie sogar vor der Sprache und beeinflussen dann die Aufnahme sprachlicher Kommunikationselemente. So kann eine Nichtanpassung in der Kleidung und Aufmachung seitens des Verkäufers an die Vorstellung des Kunden von diesem als Missachtung sei-

Infobox

Denken Sie in Verkaufsgesprächen immer an die Worte des Kommunikationswissenschaftlers Paul Watzlawick (1921–2007): Man kann nicht nicht kommunizieren! Jedes Verhalten, zu dem auch Gestik, Haltung, Mimik oder auch Kleidung und Aufmachung gehören, hat kommunikativen Charakter und wird wahrgenommen – ob man es als Verkäufer möchte oder nicht.

ner Person gedeutet werden. Ein anschauliches Beispiel ist der in Freizeitkleidung auftretende Verkäufer, der einen Termin mit einem Bank- oder Versicherungsangestellten hat. So eine Nichtanpassung kann kommunikationserschwerend oder sogar blockierend wirken.

Auf einen Blick

Verkaufsgespräche können erfolgreich verlaufen, wenn sprachliche und nicht sprachliche Elemente gezielt eingesetzt werden. Verkäufer müssen darauf achten,

→ ihre Aussagen aktiv, positiv und verständlich (einfach, gegliedert, kurz, stimulierend) zu formulieren,

→ das Umfeld ansprechend und entspannend zu gestalten,

→ Haltung, Gestik und Gesichtsausdruck an die sprachlichen Ausführungen anzupassen und

→ Kleidung und Aufmachung auf die Erwartungshaltung des Kunden abzustimmen.

Kommunikation – wann funktioniert sie nicht?

Allerdings kann sich der Verkäufer noch so sehr bemühen, verständlich zu kommunizieren und seine Mimik auf die sprachlichen Inhalte abzustimmen, mitunter funktioniert die Kommunikation einfach nicht und löst beim Empfänger – sprich beim Kunden – nicht die Wirkung aus, die der Verkäufer eigentlich bezweckt hat. Vielmehr kommt es zu Missverständnissen und Unklarheiten, im Extremfall sogar zum Streit zwischen Verkäufer und Käufer. Die Ursache ist fast immer dieselbe: Der Empfänger, z. B. der Käufer, versteht etwas anderes, als der Sender, z. B. der Verkäufer, eigentlich sagen wollte. Schon entstehen Kommunikationsprobleme oder Konflikte. Diese stören nicht nur das Verkaufsgespräch, sondern führen im Extremfall dazu, dass das Verkaufsgespräch keinen erfolgreichen Abschluss findet und auch an weitere Kontakte und Gespräche nicht zu denken ist. Spätestens dann wird jedem Verkäufer klar, wie wichtig es ist, Verständigungsprobleme rechtzeitig zu erkennen und mit ihnen richtig umzugehen. Da kann das Produkt noch so gut sein – Missverständnisse sind kontraproduktiv.

Vor diesem Hintergrund sollte jeder Verkäufer die wichtigsten Grundlagen zum Thema Verständigungs- und Kommunikationsprobleme kennen. Zu ihnen gehören das sogenannte Erstmaligkeits-Bestätigungsmodell, das sogenannte Modell der vier Ebenen einer Nachricht oder auch das sogenannte Eisbergmodell.

Erstmaligkeits-Bestätigungsmodell

Die Grundaussage dieses Modells von dem Naturwissenschaftler Ernst Ulrich von Weizsäcker (* 1939) ist ganz einfach – der Empfänger versteht das Gesagte nur, wenn er nicht zu viel und auch nicht zu wenig über den zugrunde liegenden Themenbereich kennt. Einfaches Beispiel: Erläutert ein Verkäufer dem potenziellen Käufer die technischen Details seines Produkts, wird dieser nichts verstehen, wenn er über kein technisches Grundwissen verfügt und das Gehörte somit nicht einordnen kann. Kennt er die technischen Details allerdings schon, werden ihn die Ausführungen des Verkäufers langweilen – sie sind ihm ja schon bekannt.

Beides kann letztlich dazu führen, dass der Käufer irgendwann abschaltet und wichtige, kaufentscheidende Argumente dann nicht mehr hört. Dies wäre ungünstig, denn dann kommt es sicherlich nicht zu einem positiven Abschluss.

Was bedeutet dies nun für den Verkäufer? Er muss sich schon im Vorfeld klar darüber werden, welches Vorwissen der Käufer eventuell besitzt und auf welche Wissensbasis er aufbauen kann. Seine Ausführungen muss er dann so formulieren, dass er den Käufer einerseits wissensmäßig abholt, sodass der Käufer die Erläuterungen auch versteht. Andererseits muss er dafür sorgen, dass die Ausführungen immer so spannend sind, dass der Käufer durch die Erläuterungen nicht gelangweilt ist. Dies ist häufig nicht einfach, lässt sich aber durchaus realisieren.

Vier Ebenen einer Nachricht

Ob Verkäufer oder Käufer – prinzipiell hat jeder Mensch eine andere Wahrnehmung und versteht die erhaltenen Informationen unterschiedlich. Nach dem Psychologen Friedemann Schulz von Thun (* 1944) hat jeder Mensch „vier Ohren", die eine bestimmte Nachricht unterschiedlich wahrnehmen können.

Ebene 1: Sachlicher Inhalt

Auf der Sachebene werden die reinen Inhalte bzw. Sachaussagen ausgetauscht. So beinhaltet die Aussage eines Kunden „Der Toner im Drucker muss häufig ausgetauscht werden" zunächst nur eine Sachinformation über den Tonerverbrauch des Druckers. Die Aussage eines Verkäufers „Dieses System hilft Ihnen, Kosten einzusparen" bedeutet auf dieser Ebene nur, dass ein Vorteil des angepriesenen Systems die Einsparung von Kosten ist.

Ebene 2: Selbstoffenbarung

Mit einer Nachricht sagt der Sender aber auch immer etwas über sich selbst und seine Person. So könnte die Aussage „Der Toner im Drucker muss häufig ausgetauscht werden" beispielsweise auch bedeuten „Ich bin unzufrieden, da der häufige Austausch des Toners ziemlich teuer ist". Die Aussage „Dieses System hilft Ihnen, Kosten einzusparen" könnte auf dieser Ebene bedeuten „Ich bin mir sicher, in Ihrem Unternehmen ist die Einsparung von Kosten ein wichtiges Thema".

Ebene 3: Beziehung
Mit seiner Botschaft drückt der Sender aber auch etwas über sein Verhältnis zum Empfänger aus. Die Aussage „Der Toner im Drucker muss häufig ausgetauscht werden" könnte auch bedeuten „Ich finde, dass Sie als Verkäufer darauf hätten hinweisen müssen – ich hatte mich auf Sie verlassen". Die Aussage „Dieses System hilft Ihnen, Kosten einzusparen" könnte auf dieser Ebene bedeuten, dass der Verkäufer sich in der Rolle des Partners sieht, der helfen möchte, Kosten einzusparen.

Ebene 4: Appell
Diese Seite der Nachricht ruft den Empfänger dazu auf, etwas zu tun oder zu unterlassen. Die Aussage „Der Toner im Drucker muss häufig ausgetauscht werden" könnte auf dieser Ebene bedeuten „Jetzt kümmern Sie sich doch endlich um eine Alternative!". Die Aussage „Dieses System hilft Ihnen, Kosten einzusparen" könnte auf dieser Ebene als Appell wie „Jetzt tun Sie doch endlich mal etwas dazu, Kosten einzusparen" verstanden werden.

Zu Konflikten bzw. Verständigungsproblemen kommt es nun, wenn sich die verschiedenen Ebenen mischen oder eine Aussage auf dem „falschen Ohr" aufgenommen wird. Dann kommt es zu Reaktionen, die den Sender wiederum überraschen und hier zu Missverständnissen führen.

Wussten Sie es? Die häufigsten Missverständnisse entstehen dadurch, dass Aussagen als Appell verstanden werden. Das kann dann zu Überreaktionen und schließlich zu Konflikten oder Streitigkeiten führen.

Was bedeutet dies nun für Sie als Verkäufer? Gerade in der Kommunikation mit Kunden oder potenziellen Käufern sollte man sich als Verkäufer immer bewusst machen, auf welcher Ebene der Gesprächspartner die Aussage aufnimmt. Je angespannter die Situation oder das Verhältnis zu einer Person ist, desto größer ist die Gefahr, dass sich Ihr Gegenüber auf der Beziehungs- oder Appellebene angesprochen fühlt und abwehrend reagiert. Vermeiden lässt sich dies, indem der anderen Person ganz klar bewusst gemacht wird, dass es sich hier um eine reine Sachinformation handelt. Sollte die Aussage dagegen als Appell gemeint sein, sollte man es auch direkt so ansprechen und einen konkreten Auftrag erteilen.

Gleichzeitig sollte man sich als Verkäufer aber auch darüber bewusst werden, wie man selbst die Aussagen des Käufers aufnimmt und ob man sie tatsächlich auf dem richtigen „Ohr" verstanden hat. Es ist immer besser, dies kritisch zu hinterfragen, bevor man als Verkäufer falsch reagiert und es dadurch zu Konflikten kommt.

Für eine störungsfreie Kommunikation sind letztlich immer beide verantwortlich – der Sender und der Empfänger!

Eisbergmodell

Kommunikationsprozesse laufen im Allgemeinen nicht nur bewusst ab, auch das Unterbewusstsein spielt dabei eine große Rolle. Um zu verstehen, welche Rolle das Unterbewusstsein hierbei spielt, ist zur Verdeutlichung das nach Sigmund Freud entwickelte Eisbergmodell hilfreich. Genau wie bei einem Eisberg, dessen größter Teil unter der Wasseroberfläche liegt, teilt sich die menschliche Wahrnehmung in zwei unterschiedlich große Bereiche: die rationale, bewusste Wahrnehmung und der weitaus größere Bereich der unbewussten Wahrnehmung.

Das berühmte Bauchgefühl und bestimmte Empfindungen, die der Beziehungsebene angehören, beeinflussen Entscheidungen oft weitaus mehr als die auf der Sachebene zugeordneten Zahlen und Fakten. Vielleicht kennen Sie die folgende Situation: Wenn man bei einem Vorstellungsgespräch verschiedene Kandidaten kennenlernt, weiß man schon nach Sekunden, welche der Kandidaten einem sympathisch sind und welche nicht. Häufig weiß man schon vor dem Studium von Zeugnissen und Fakten, mit wem man näher zusammenarbeiten möchte.

Wussten Sie es? Der erste Eindruck war in der Vorzeit überlebenswichtig und ist deshalb bis heute noch in unseren Genen verankert. Denn wer in grauer Vorzeit nicht schnell zwischen Feind und Freund unterscheiden konnte, wurde möglicherweise Opfer der eigenen Langsamkeit. Auch wenn dieses lebensrettende Verhaltensmuster immer noch vorhanden ist – verlassen sollte man sich darauf nicht unbedingt. Amerikanische Forscher haben ermittelt, dass das Bauchgefühl oft täuscht und man besser mehrmals überlegt, bevor man sich für eine Antwort oder eine bestimmte Verhaltensweise entscheidet.

Was bedeutet jetzt das Eisbergmodell für Verkäufer? Jede vom Käufer während des Verkaufsgesprächs wahrgenommene Information wird sowohl auf der Sach- als auch auf der Beziehungsebene verarbeitet. Da der Einfluss der Beziehungsebene dabei oft viel größer ist als der der Sachebene, sollte man als Verkäufer nicht nur darauf achten, was man sagt (= Sachebene), sondern auch, wie man es sagt (= Beziehungsebene) und wie es vom Käufer wahrgenommen wird. Auch hier zeigt sich wieder: Achten Sie – gerade im direkten Kontakt mit Gesprächspartnern, wie z. B. im Verkaufsgespräch – ganz besonders auf Körpersprache, Wortwahl und Tonfall! Sie sind oft viel entscheidender als die sachlichen Argumente, die Sie vorbringen.

Lebenswelt

Verständigungprobleme können auch dann entstehen, wenn Käufer und Verkäufer aus gänzlich verschiedenen Lebenswelten stammen und beispielsweise unterschiedliche Sprachformen verwenden. Typisches Beispiel ist der sehr vertriebsorientierte Verkäufer, der auf einen extrem technisch orientierten Käufer stößt und die infolge keine sprachliche Basis finden. Ein anderes Beispiel ist der Verkäufer, der dem Gespräch seiner Gesprächspartner nicht mehr folgen kann, da diese fast nur noch die in ihrem Unternehmen üblichen sprachlichen Redewendungen und Abkürzungen verwenden. Für ihn wichtige Hinweise kann der Verkäufer dann nicht mehr aus dem Gespräch ziehen; er hat das Gefühl, Verkäufer und Käufer reden aneinander vorbei.

Dies ist eine schwierige Situation, die sich im Grunde nur dadurch lösen lässt, dass Käufer und Verkäufer erst einmal auf einer Art Metaebene definieren, was sie unter bestimmten Ausdrücken, Abkürzungen oder sprachlichen Redewendungen genau verstehen, um somit eine echte Verständigungsbasis zu bekommen.

Auf einen Blick

Verständigungsprobleme können zu Kommunikationsproblemen und Konflikten führen, durch die Verkaufsgespräche unmöglich werden. Dies lässt sich vermeiden, wenn der Verkäufer die häufigsten Verständigungsprobleme kennt. Sie entstehen beispielsweise, weil

→ der Käufer zu wenig Vorwissen hat, um die Ausführungen zu verstehen oder zu viel Vorwissen besitzt, um ihnen aufmerksam zuzuhören,

→ die Ausführungen auf einer anderen Ebene wahrgenommen und verstanden werden, als sie gemeint waren,

→ es neben der sachlichen Ebene immer eine Beziehungsebene gibt, die sowohl das Senden als auch das Verstehen von Nachrichten beeinflusst,

→ Verkäufer und Käufer einen unterschiedlichen Hintergrund haben und somit unterschiedliche Sprachspiele nutzen.

Motivation – welchen Einfluss hat sie?

Es liegt auf der Hand – der potenzielle Käufer muss zum Kauf motiviert werden; nur so kann der Verkauf gelingen. Aktiviert werden Kaufmotive durch Anreize wie z. B. Werbung oder bestimmte Argumente im Verkaufsgespräch. Ob diese Anreize aber tatsächlich wirken und die gewünschten Motive ansprechen, hängt von den vorhandenen positiven bzw. negativen Einstellungen des Käufers gegenüber den Reizen ab. So kann die zu einem bestimmten Zeitpunkt wahrgenommene Werbung für Bier bei Personen mit positiver Einstellung zu Bier zu einer Aktivierung des Motives „Durst" führen oder – bei Personen mit negativer Einstellung zu Bier – versagen.

Diese Einstellungen basieren wiederum auf Erfahrungen. Diese sind zunächst gelernt, lassen sich durch entsprechende Informationen aber auch beeinflussen oder verändern. Dies ist für Verkäufer entscheidend, denn durch die entsprechende Gestaltung und Aufbereitung von Informationen lassen sich diese Einstellungen beeinflussen und tatsächlich Anreize schaffen. Vor diesem Hintergrund hat der Verkäufer somit prinzipiell zwei Möglichkeiten:

- Er kann sich auf das Senden von Reizen konzentrieren, die auf positive Einstellungen des Käufers zum Kaufobjekt treffen und diesen somit zum Kauf motivieren. Typisches Beispiel ist die Demonstration eines neuen Vitaminpräparats für sehr gesundheitsbewusste Personenkreise.
- Er kann zunächst Informationen vermitteln, die zu einer positiven Einstellung zum Kaufobjekt führen, um dann – quasi im zweiten Schritt – mit Folgereizen auf entsprechend zum Positiven gewendete Einstellungen zu treffen und den Kunden zu einem Kauf zu aktivieren. Auf obiges Beispiel bezogen, müsste die po-

tenzielle Käufergruppe zunächst Informationen über die Bedeutung gesundheitsbewussten Verhaltens erhalten, um auf dieser Basis ein gesundheitsbewusstes Motiv zu aktivieren, das dann – bei der Demonstration des neuen Vitaminpräparates – zu einer Kaufentscheidung führt.

Unabhängig von diesen beiden prinzipiellen Verkaufsstrategien – direkte Ansprache von Motiven oder indirekte Ansprache über eine Änderung der Einstellungen – sollte jeder Verkäufer einige grundlegende Motivationstheorien kennen, um die Motivlage potenzieller Käufer auch richtig einschätzen zu können. Zu den wichtigsten Motivationstheorien zählen die folgenden:

Bedürfnispyramide nach Maslow

Sie teilt die menschlichen Bedürfnisse in fünf Kategorien ein, wobei die erste Kategorie das Fundament der Pyramide darstellt und die letzte Kategorie deren Spitze:

1. Grund- oder Existenzbedürfnisse wie Nahrung, Wärme und Schlaf
2. Sicherheit
3. Zugehörigkeit zu einer Gruppe
4. Achtung und Wertschätzung
5. Selbstverwirklichung

Maslow (1908-70) selbst ging davon aus, dass ein höheres Bedürfnis erst dann entsteht, wenn die Bedürfnisse auf den unteren Ebenen gestillt sind.

Hat ein Verkäufer diese Pyramide im Kopf, kann er leichter erkennen, welche Bedürfnisse bei seinem Gegenüber gerade wie relevant sind, und seine produktbezogenen Informationen entsprechend gestalten und steuern.

Lerntheorie

Gerade in der Verkaufspraxis lässt sich immer stärker erkennen, dass die Käufer nicht mehr nur von angeborenen Motiven geleitet werden. Im Gegenteil – ihr Verhalten wird zunehmend von Vorurteilen, Präferenzen, sozialen Haltungen oder auch Idealen geprägt, die letztlich gelernt wurden. Ein guter Verkäufer sollte daher auch wissen, wie sein Kunde lernen kann und wie er diesen Lernprozess aktiv beeinflussen kann.

> **Infobox**
>
> Wussten Sie es? Lernen bezieht sich nicht – wie es häufig umgangssprachlich zu verstehen ist – auf eine bestimmte Tätigkeit; Lernen ist vielmehr als Änderung in der Verhaltensweise des Individuums in der Zeit zu verstehen. Das Einprägen verkaufspsychologischer Grundlagen gilt somit nicht als Lernen; vielmehr das Ändern des Verhaltens in Verkaufsgesprächen aufgrund des Einprägens verkaufspsychologischer Grundlagen.

Zu den für die Verkaufspsychologie wichtigsten Ansätzen zählen die Reiz-Reaktions-Theorien sowie die Kognitiven Theorien.

Bei der **Reiz–Reaktions–Theorie** lernt das Individuum aufgrund von Reizen. Einfaches Beispiel ist die rote Ampel (= Reiz), die zu einem automatischen Bremsen (= Reaktion) führt. Für die Verkaufspsychologie sind zwei Varianten relevant:

- Die klassische Konditionierung, bei der ein zunächst neutraler Reiz so lange mit einem ein bestimmtes Verhalten auslösenden Reiz gezeigt wird, bis dieses Verhalten auch durch den neutralen Reiz ausgelöst wird. Typisches Beispiel ist die Darbietung eines vom Kunden anerkannten Kaufobjekts gemeinsam mit einem unbekannten Kaufobjekt, auf das der Kunde dann zunehmend positiv reagiert.
- Die verstärkende Konditionierung, bei der das Individuum durch die Konsequenzen lernt – seien sie belohnender oder strafender Art. Je positiver der Kunde einen Kaufabschluss bei einem bestimmten Unternehmen oder einem bestimmten Verkäufer in Erinnerung hat, desto eher wird er bei diesem Unternehmen oder bei diesem Verkäufer wiederholt einkaufen. Für den Verkäufer bedeutet dies v. a., seinen Kunden durch sprachliche und nicht sprachliche Kommunikationselemente Lob, Anerkennung und Zuwendung zu senden.

Doch unabhängig von der Art der zugrunde liegenden Konditionierung lassen sich für den Verkäufer in Verkaufsgesprächen wichtige Prinzipien erkennen:

Berühmtes Beispiel für die klassische Konditionierung sind die Pawlow'schen Hunde. Der russische Mediziner und Physiologe Iwan Pawlow (1849–1936) bot seinen Hunden bei der Verabreichung von Futter (natürlicher Reiz) einen neutralen Reiz (Läuten einer Glocke) dar. Nach einigen Wiederholungen löste der ursprünglich neutrale Reiz – das Läuten der Glocke – dieselben Reaktionen aus wie der natürliche Reiz, z. B. Speichelfluss in ähnlicher Stärke. Die Hunde lernten somit, auf den ursprünglich neutralen Reiz in einer bestimmten Form zu reagieren.

- Der Käufer sollte möglichst aktiv sein und nicht nur passiv zuhören oder zusehen. Denn letztlich lernt er durch Reaktion, d. h. durch konkretes Handeln. Typisches Beispiel ist die Probefahrt im Rahmen eines Verkaufsgesprächs.
- Der Verstärkung kommt eine wichtige Rolle zu – positive Verstärkungen wie Lob oder Anerkennung sind wirksamer als negative Verstärkungen. Typisches Beispiel ist das Erfolgserlebnis bei der Nutzung eines neuen technischen Gerätes.

Während die Reiz-Reaktions-Theorien explizit oder implizit davon ausgehen, dass das Lernen durch Repetition erfolgt, basieren die **kognitiven Theorien** auf der Annahme eines verstandesmäßigen Lernens. Danach lernt das Individuum also keine Handlungen, sondern Sachverhalte im Sinne von Einsichten in die Ergebnisse von Handlungen. Das Lernen vollzieht sich somit durch Einsicht. In der Konsequenz muss der Verkäufer das Verkaufsgespräch so gestalten, dass die kognitive Wahrnehmung und die Einsicht des Kunden angesprochen werden. Konkret kann er dies, indem er

- das zu verkaufende Objekt so strukturiert darlegt, dass dem Käufer die wesentlichen Merkmale zugänglich sind – typisches Beispiel ist die Förderung von Aha-Erlebnissen,
- die Demonstration des Verkaufsobjekts so organisiert, dass sämtliche Zusammenhänge verdeutlicht werden,
- bei der Demonstration des Verkaufsobjekts auf Verständnis achtet, da dies die Übertragung und das Behalten beim Käufer fördert.

Dissonanztheorien

Prinzipiell strebt der Mensch nach innerer Harmonie, Konsistenz und Übereinstimmung zwischen seinen Meinungen, seinen Einstellungen sowie seinen Wertvorstellungen. Spannungen bzw. Dissonanzen treten auf, wenn sich eine Person mit zwei Informationen auseinanderzusetzen hat, die in ihrem Bewusstsein an sich nicht miteinander vereinbar sind. Derartige Spannungen lösen unangenehme Empfindungen aus und motivieren zum

Abbau der Dissonanz. Typisches Beispiel ist der überzeugte Nutzer einer bestimmten Handy-Marke, der negative Informationen zu diesem Handy nicht an sich heranlässt, da diese mit seinen Vorstellungen nicht übereinstimmen und somit zu kognitiven Dissonanzen führen könnten.

Prinzipiell können derartige kognitive Dissonanzen vor, während und nach dem Verkaufsgespräch bzw. dem erfolgten Kauf auftreten. Bekannt sind v. a. die typischen Fälle nach dem Kauf eines Produkts, bei dem sich der Käufer im Vorfeld zwischen zwei Produkten entscheiden musste und nach dieser Entscheidung dann Zweifel bekommt: Wäre das andere Produkt nicht doch besser gewesen? Wäre die Qualität nicht doch höher gewesen? Was ist die typische Reaktion des Käufers? Er sucht gezielt nach Informationen, die seinen Kauf im Nachhinein rechtfertigen und baut durch diese Informationen seine Zweifel ab.

Für den Verkäufer bedeutet das mögliche Auftreten kognitiver Dissonanzen, dass er während und nach der Kaufverhandlung versuchen muss, kognitive Dissonanzen beim Käufer zu vermeiden. Treten sie dennoch erkennbar auf – z. B. durch Einwände, Reklamationen, Umtauschwünsche, Frage nach späteren Möglichkeiten des Umtausches etc., muss er versuchen, sie in zuträglicher Form abzubauen. Möglich ist dies z. B. durch Informationen, mit denen Einwände widerlegt werden können, durch Erfahrungen anderer Kunden, durch Referenzen, aber auch durch die Erinnerung an den eigenen Kaufprozess oder die eigene Entscheidung. An späterer Stelle wird dies noch vertieft.

> Erfahrungen aus der Praxis zeigen es übrigens immer wieder: Gegen ein Auftreten von Dissonanzen nach dem Kaufentscheid kann der Verkäufer durch Aktivierung des Kunden vorbeugen. Je mehr der Kunde sich das betreffende Objekt durch Eigenengagement, durch Ausprobieren oder durch Eigenüberzeugung selbst verkauft, desto weniger sind kognitive Dissonanzen im Nachhinein zu erwarten.

Auf einen Blick

Jeder Käufer muss zum Kauf motiviert werden. Dies passiert durch Anreize, die vom Verkäufer entweder direkt oder indirekt über eine Änderung der Einstellung angesprochen werden können. Die zugrunde liegenden Motive können dabei

→ dem hierarchischen Muster der Maslow´schen Bedürfnispyramide folgen,

➜ entweder durch Verhalten oder durch Lernen erworben sein,
➜ versuchen, interne Spannungen zwischen verschiedenen Wertvorstellungen und Präferenzen abzubauen.

Die jeweilige Bedürfnis- und Motivationslage zu erkennen und das Verkaufsgespräch entsprechend zu steuern, macht letztlich einen guten Verkäufer aus.

1.5 Phasen: Das typische Verkaufsgespräch im Überblick

Wie nun durch die vorhergehenden Kapitel deutlich wurde, sind Verkaufsgespräche äußerst komplexe Interaktionen zwischen Kunde und Verkäufer, die für den Verkäufer durchaus eine Herausforderung darstellen. Einfacher und überschaubarer wird es daher, wenn man sich – gerade als Verkäufer – die verschiedenen Phasen eines typischen Verkaufsgesprächs vor Augen führt und sich im Voraus auf jede Phase gezielt vorbereitet. Zur plastischen Darstellung der verschiedenen Phasen eines Verkaufsgesprächs existieren mittlerweile eine Vielzahl von sogenannten Kürzeln oder Formeln, die im Folgenden aufgezeigt werden.

Bekannte Formeln sind z. B.

- die AIDA-Formel: **A**ufmerksamkeit erreichen, **I**nteresse aufbauen, **D**rang zum Kauf wecken, **A**bschluss durchführen,
- die DIBABA-Formel: **D**efinition der Kundenwünsche, **I**dentifizierung des Angebots mit den Kundenwünschen, **B**eweisführung für den Kunden, **A**nnahme der Beweisführung durch den Kunden, **B**egehren des Kunden auslösen, **A**bschluss durchführen,
- die BEDAZA-Formel: **B**egrüßungs-, **E**röffnungs-, **D**emonstrations-, **A**bschluss-, **Z**usatzverkaufs- und **A**bschiedstechnik.

Diese Formeln beinhalten ähnliche Punkte und basieren letztlich auf ähnlichen Phasen, die man folgendermaßen zusammenfassen kann:

- Kontaktphase mit dem Ziel, das Geschäft anzubahnen,
- Verhandlungsphase mit dem Ziel, den Kunden zu informieren und zu motivieren,
- Abschlussphase mit dem Ziel, den Kaufvertrag zum Abschluss zu bringen und möglicherweise weitere Geschäfte anzubahnen,
- Nachbereitungsphase mit dem Ziel, aus dem Verkaufsgespräch zu lernen und die nächsten Verkaufsgespräche noch professioneller zu führen.

2. Kontaktphase: Erzielung einer positiven Grundstimmung

Ziel der ersten Phase – der Kontaktphase – ist die Anbahnung des Geschäfts. Diese erfolgt durch den ersten Kontakt mit dem potenziellen Käufer und die Eröffnung des Gesprächs. Dies kann erfolgreich verlaufen, wenn der Verkäufer genau weiß, wen er als Kunden vor sich hat und wie er ihn am besten anspricht. Sie kann aber auch zu einem schnellen Abbruch des Verkaufsgesprächs führen, wenn der Verkäufer gänzlich unvorbereitet auftritt, sich im Vorfeld keine Gedanken über den Kunden oder das Gespräch gemacht hat und die Ausführungen den Kunden gar nicht interessieren. Das ist ineffizient und sollte unbedingt vermieden werden. Vor diesem Hintergrund erfahren Sie im folgenden Abschnitt,

- welche Grundsituationen der Kontaktaufnahme prinzipiell zu unterscheiden sind und wie man mit ihnen umgehen kann (2.1),
- wie wichtig eine gute Vorbereitung auf ein Verkaufsgespräch ist und wie man sich am besten darauf vorbereiten kann (2.2),
- welche Rolle Terminvereinbarung und Anmeldung mitunter spielen und was dabei zu beachten ist (2.3),
- wie wichtig der Ersteindruck bei dem Verkaufsgespräch ist und wie man ihn bewusst positiv gestalten kann (2.4).

2.1 Grundsituationen im Überblick: Der kleine Unterschied macht's

Bei der Kontaktaufnahme zwischen Verkäufer und Käufer sind prinzipiell drei Grundsituationen zu unterscheiden:

1. Der Kunde kommt zum Verkäufer.
2. Der Verkäufer wird vom Kunden gebeten, zu kommen, und sucht diesen auf.
3. Der Verkäufer betreibt die Kontaktaufnahme von sich aus.

Der Unterschied liegt auf der Hand: In den Fällen (1) und (2) geht die Initiative für die Kontaktaufnahme vom Kunden aus; man kann davon ausgehen, dass dieser grundsätzlich gesprächsbereit ist und dem Verkaufsgespräch offen gegenübersteht. Der Verkäufer befindet sich hier also in der Rolle des Gebetenen und nicht in der Rolle des Bittstellers, der um Aufmerksamkeit buhlen muss. Aus der Sicht des Verkäufers ist der Fall (1) fast der idealste – hier befindet sich der Verkäufer in seinem eigenen, selbst gestaltbaren Umfeld und kann quasi als Gastgeber auftreten.

Im Fall (3) stellt sich dies anders dar: Hier ist es die Aufgabe des Verkäufers, zunächst einmal eine positive Interaktions- und Gesprächsneigung beim Kunden zu erreichen; es muss ihm zunächst gelingen, an den Kunden heranzukommen, sein Interesse zu wecken und ihn so für ein Gespräch zu gewinnen.

Auf einen Blick

Bei jedem Verkaufsgespräch muss sich der Verkäufer fragen:
➜ Welche Grundsituation ist gegeben?
➜ Welche Rolle nimmt er als Verkäufer zunächst ein?
➜ Ist ein prinzipielles Interesse auf der Seite des Kunden vorhanden oder muss es erst geweckt werden?

2.2 Vorbereitung: Wichtige Vorrecherchen

Doch unabhängig von der grundsätzlichen Situation der Kontaktaufnahme ist eine gute Vorbereitung des Verkaufsgesprächs unerlässlich. Denn nichtssagende, unergiebige Gespräche kann sich im Grunde keiner mehr leisten – weder der Verkäufer noch der Käufer.

> Es gibt keinen Ersatz für eine intensive und fundierte Vorbereitung von Verkaufsgesprächen. Ein guter Verkäufer nimmt sich hierfür die Zeit, die er benötigt. Denn letztlich will er nur eines – den Gesprächserfolg. Kurz ausgedrückt heißt es: Die Vorbereitung ist nicht alles – aber ohne Vorbereitung ist alles nichts.

Was bedeutet es aber nun, gut vorbereitet zu sein? Zunächst sollten natürlich Name, Position, Titel, Unternehmen und Branche des Kunden bekannt sein. Aber dies reicht oft nicht. Als Verkäufer sollte man sich im Vorfeld auch Klarheit darüber verschafft haben,

- welche Motive der Kunde hat,
- welche Probleme er hat,
- welche Ziele er als Kunde beim Verkaufsgespräch verfolgt,
- welche Referenzgruppen oder Referenzpersonen möglicherweise relevant sein können.

Zur systematischen Vorbereitung eines Verkaufsgesprächs bieten sich folgende Schritte an:

Analyse

Im Rahmen einer sorgfältigen Analyse ist zunächst zu prüfen, welche Bedürfnisse und Wünsche der Kunde haben könnte und welche Möglichkeiten existieren, auf diese Bedürfnisse und Wünsche einzugehen. Folgende Fragen können hier helfen:

- Um welche Branche und welche Art des Geschäfts handelt es sich beim Kunden?
- Wie sieht die derzeitige Geschäftslage aus?
- Welche grundlegenden Motive hat er?
- Welche Wettbewerber existieren?
- Welche Probleme hat er? Was ist diesbezüglich aus vergleichbaren Branchen und Unternehmen bekannt?
- Wer ist der Gesprächspartner? Ist er bekannt?
- Gab es schon einmal ein Gespräch? Wie verlief es? Gab es offene Fragestellungen?

Entscheidend ist dabei die Frage nach den zugrunde liegenden Motiven, die – wie ja schon oben angesprochen – ganz unterschiedlich sein können und für den Verkäufer in zweifacher Hinsicht interessant sind: zum einen in Bezug auf das zu verkaufende Produkt, zum anderen in Bezug auf die Gestaltung des Verkaufsgesprächs. Typisch sind folgende Motive:

- Gewinnmotiv
  Jeder freut sich, wenn er durch ein Produkt oder eine Leistung einen direkten Nutzen erzielt, durch den er seinen persönlichen oder seinen beruflichen Gewinn erhöhen kann. Bei Endverbrauchern ist dies vielleicht ein zusätzlicher Genuss, bei Unternehmen ein tatsäch-

lich realisierbarer und in Zahlen ausdrückbarer Gewinn.

- Kostensenkungsmotiv

  Gerade im Business-to-Business-Sektor sind viele Unternehmen immer stärker gezwungen, ihre Kosten zu reduzieren. Darum sind sie eher ansprechbar für Produkte und Leistungen, durch die das auch realisierbar ist. Ähnliches gilt natürlich auch für Endverbraucher, die immer stärker versuchen müssen, ihre Kosten in den Griff zu bekommen.

- Zeitersparnismotiv

  Auch dieses Motiv wird immer relevanter – sowohl im Bereich der Unternehmen als auch im Bereich der Endkunden. Denn es gibt kaum mehr einen Kunden, der nicht für sich in Anspruch nimmt, viel beschäftigt und zeitknapp zu sein. Für Verkäufer von zeitsparenden Produkten und Leistungen ein wichtiges Motiv!

- Sicherheitsmotiv

  Das Bedürfnis nach Sicherheit zählt – wie ja auch schon die Bedürfnispyramide von Maslow aufzeigt – zu den grundlegenden Motiven. Hier lässt sich auch das Gesundheitsmotiv zuordnen, das bei vielen angebotenen Produkten und Leistungen mittlerweile eine immer größere Rolle spielt.

- Bequemlichkeitsmotiv

  Auch das Streben nach Bequemlichkeit und der Wunsch, die eigenen Kräfte zu schonen, gilt als menschliches Grundmotiv und lässt sich vom Verkäufer möglicherweise geschickt ansprechen.

- Geltungsmotiv
  Typisch ist auch das Streben nach Anerkennung und Würdigung; man möchte Wertschätzung für seine Person erlangen. Unabhängig vom zugrunde liegenden Verkaufsobjekt ist dieses Motiv für jeden Verkäufer wichtig zu beachten. Denn der Käufer möchte zunächst als Person anerkannt und wertgeschätzt werden – egal, ob es zu einem erfolgreichen Abschluss kommt oder nicht. Nur wird es selten zu einem erfolgreichen Abschluss kommen, wenn der Käufer nicht als ernst zu nehmender Verhandlungspartner betrachtet wird.

- Nachahmungsmotiv
  In ähnliche Richtung geht das Streben, Personen nachzuahmen – letztlich ist dabei das Ziel, stärker anerkannt zu werden. Ein professioneller Verkäufer weiß das und versucht, dieses Motiv mit Beispielen und Referenzlisten zu erfüllen.

- Ökologiemotiv
  Gerade in jüngster Zeit werden immer mehr Käufe auch unter ökologischen Gesichtspunkten getätigt. Auch dessen muss sich ein professioneller Verkäufer bewusst sein, denn so mancher Einwand des Kunden wird sich darauf beziehen.

- Abwechslungsmotiv
  Auch das Bedürfnis nach Abwechslung und verschiedenen Reizen gilt als menschliches Grundmotiv. Typische Beispiele sind die Vielzahl an Reizen, denen man

mittlerweile parallel ausgesetzt ist: Fernsehen, Radio, Computer und dann klingelt noch das Telefon. Ein professioneller Verkäufer zielt darauf ab, indem er die Produktpräsentation entsprechend lebendig und abwechslungsreich gestaltet.

Ziel

Im zweiten Schritt wird das konkrete Gesprächsziel festgelegt. Dabei handelt es sich nicht einfach nur um „Verkaufen". Denn viele Verkaufsabschlüsse müssen langfristig und in mehreren Schritten vorbereitet und durchgeführt werden. In den seltensten Fällen kommt es gleich nach dem ersten Verkaufsgespräch zu einem tatsächlichen Verkaufsabschluss. Vor dem Hintergrund der in Abschnitt 2.1 erläuterten Grundsituationen gilt dies v. a. für den Fall (3), bei dem der Verkäufer im ersten Schritt zunächst einmal Interesse wecken muss. Typische Ziele oder Teilziele sind z. B.:

- Interesse für das eigene Unternehmen und das eigene Produkt wecken,
- Informieren über Produktneuheiten,
- Vorstellung von Sonderaktionen,
- Aufbau von Vertrauen,
- Herausfinden von Kaufmotiven sowie Kundenproblemen und -wünschen.

Folgende Fragestellungen können hier helfen:
- Was braucht mein Kunde?

- In welcher Beziehung steht mein Kunde zu meinem Unternehmen?
- Was kann ich anbieten?
- Welche Alternativen habe ich?
- Welche Zusatzangebote kann ich machen?

Strategie

Mithilfe der zugrunde liegenden Informationen aus der Analyse und der definierten Ziele ist im dritten Schritt der Vorbereitung eine möglichst konkrete Strategie zu formulieren. Sie bezieht sich auf die Gestaltung und den Aufbau des Verkaufsgesprächs und letztlich auch auf den Einsatz von Verkaufstaktiken. Folgende Fragen können hier helfen:

- Welche Form der Gesprächseröffnung ist sinnvoll?
- Welche Fragen müssen gestellt werden?
- Welche Argumente sind wie wichtig?
- Welche Einwände können entstehen?
- Wie können diese Einwände beantwortet werden?
- Welche Produktdemonstrationen sind erforderlich?
- Wie wichtig ist die aktive Einbindung des Käufers?
- Wie kann die aktive Einbindung – das Handeln des Käufers – konkret erfolgen?
- Welche Verkaufsunterlagen sind erforderlich?

Die im Vorfeld erdachten Ansätze und Strategien lassen sich oft gar nicht eins zu eins im Verkaufsgespräch einsetzen oder realisieren. Denn wie oft passiert es, dass sich das Gespräch in eine andere Richtung entwickelt, dass der Kunde mit einer ganz anderen Zielsetzung ins Gespräch kommt oder dass der Kunde ganz andere Probleme hat, als der Verkäufer in seiner Analyse im Vorfeld geahnt hat. Kein Problem, denn einen positiven Effekt hat jede gute Vorbereitung: Man fühlt sich sicher und kann flexibel auf Änderungen reagieren. Und das ist mit die beste Voraussetzung für ein erfolgreiches Gespräch!

Nicht alle Verkaufsgespräche verlangen jedoch eine gleich intensive und fundierte Vorbereitung. Denn letztlich ist es ein großer Unterschied, ob man einen potenziellen Neukunden anwerben möchte oder einem bewährten Stammkunden einen Besuch abstattet. Auch reicht leider oft nicht die Zeit, alle Gespräche gut vorzubereiten. Daher ist es wichtig, im Vorfeld Prioritäten zu setzen, z. B. mithilfe der ABC-Analyse:

● A-Gespräche sind die schwierigsten Gespräche, bei denen das Risiko, dass sie schiefgehen, hoch ist und die Konsequenzen dadurch erheblich sein können. Typische Beispiele sind Preisverhandlungen, Ablehnung von Sonderwünschen, Erstkontakte mit potenziellen Neukunden. Bei diesen A-Gesprächen ist eine gute Vorbereitung ein Muss. Dabei ist es völlig egal, ob es sich um einen telefonischen Kontakt oder um ein persönliches Gespräch handelt – A-Gespräch ist A-Gespräch.

- B-Gespräche haben einen mittleren Schwierigkeitsgrad und ein mittleres Risiko, dass sie schiefgehen. Auch auf diese Gespräche sollte man sich vorbereiten, wenn es auch nicht so gründlich sein muss wie bei den A-Gesprächen.

- C-Gespräche sind eher Routinegespräche. Typischerweise handelt es sich um kurze Kontakte oder auch Rückfragen, z. B. bei bewährten Kunden. Auf diese Gespräche muss man sich nicht so intensiv vorbereiten.

Auf einen Blick

Im Vorfeld eines jeden Verkaufsgesprächs ist zu prüfen,
→ ob es sich um ein A-, B- oder C-Gespräch handelt,
→ welche Probleme der Kunde hat und welche Chancen zur Lösung existieren,
→ welche Motive konkret zugrunde liegen,
→ welches Ziel mit dem Verkaufsgespräch erreicht werden soll,
→ welche konkreten Strategien verfolgt werden, um dieses Ziel zu erreichen.

2.3 Terminvereinbarung: Überwindung von Barrieren

Eine gute Vorbereitung von Verkaufsgesprächen bezieht sich nicht nur auf wichtige Vorrecherchen oder eine systematische Analyse von Zielen und Strategien. Sie bezieht sich auch auf die Frage, wann das Verkaufsgespräch stattfinden kann und wie es gelingt, einen Termin mit dem potenziellen Ansprechpartner zu bekommen. Bei Stammkunden ist dies sicherlich kein Problem, aber wenn es darum geht, bei potenziell neuen Kunden anzuklopfen, um sie zu einem Verkaufsgespräch zu motivieren, wird es schon sehr viel schwieriger. Hier ist geschicktes Agieren gefragt. Herausfordernd wird es v. a. dann, wenn der Ansprechpartner selbst noch gar nicht bekannt ist und zunächst ein Gespräch mit der Sekretärin erforderlich ist.

Erster Schritt: Kontakt mit der Sekretärin

Die erste Herausforderung besteht darin, die Sekretärin zu überzeugen. Dies ist oft nicht einfach, nehmen doch Sekretärinnen häufig die Rolle eines „Gatekeepers" in Unternehmen ein. Damit es gelingt, sollten ein paar Grundregeln beherzigt werden:

Klar und deutlich

Da die Sekretärin weder Namen noch Unternehmen des Anrufers kennt, muss ihr beides zunächst möglichst klar und deutlich vermittelt werden. Erforderlich ist daher ein möglichst klares und deutliches Sprechen des eigenen Namens und des Unternehmens in der richtigen Reihenfolge: Firma mit Ortsbezeichnung, eigener Name, Tagesgruß. Beispiel ist „Firma JUMANI in Heidelberg, mein Name ist Marianne Müller, guten Morgen". Achtung – werden Name oder Unternehmen nicht verstanden, besteht die Gefahr, dass sie verstümmelt oder falsch weitergegeben werden.

Abwimmeln vermeiden

Ein Verkäufer hat es oft nicht leicht, denn in vielen Fällen wird die Sekretärin versuchen, ihn abzuwimmeln. Dies lässt sich vermeiden, wenn man die Sekretärin von Anfang an als kompetente Gesprächspartnerin betrachtet, ihr wertschätzend gegenübertritt und ihr ein Gefühl der Aufwertung gibt. Realisierbar ist dies v. a. durch die Ansprache mit ihrem Namen und durch einen freundlichen Umgang. Typische Beispiele sind „Frau Schmidt, Sie sind die rechte Hand von Frau ....?" oder auch „Frau Schmidt, Sie sind jetzt die Einzige, die mir helfen kann, die Einkaufsleiterin Frau Müller zu sprechen".

Infobox

In die Toolbox eines jeden Verkäufers gehört die Gesprächsstrategie der Aufwertung, die das Selbstwertgefühl der oder des Angesprochenen durch Worte hebt. Denn Wertschätzung und Anerkennung sind ein wichtiges Grundbedürfnis.

Anliegen hervorbringen

Klingt die Sekretärin offen und gesprächsbereit, sollte das Anliegen möglichst schnell übermittelt werden. Einfach ist es, wenn im Vorfeld ein Brief oder eine E-Mail versendet wurde, auf den oder die man sich beziehen kann. Ein typischer Beginn wäre dann etwa „Frau Müller hat ein Angebot von uns erhalten und da sind noch ein paar Fragen zu klären". Vermieden werden sollten in so einem Fall Formulierungen wie „Ich wollte mich mal erkundigen, ob Frau Müller das Angebot gefällt". Dies kann schnell zu einer Antwort wie dieser führen: „Wir melden uns, wenn wir Interesse haben".

Existieren weder Brief noch E-Mail, muss das Anliegen direkt angesprochen werden: „Ich möchte gern Frau Gabi Müller sprechen." Das Nennen des Vornamens kann in diesem Fall Wunder bewirken, denn letztlich wird der Eindruck vermittelt, man kennt die Ansprechpartnerin, und die Chance, direkt und ohne weitere lästige Fragen

---

Infobox

Unabhängig davon, welche Art der Formulierung im konkreten Fall gewählt wird – man sollte auf jeden Fall den Eindruck vermitteln, dass man wegen einer konkreten Sache anruft, die den gewünschten Ansprechpartner betrifft, über die er schon Bescheid weiß und bei der die Sekretärin möglicherweise ein Risiko eingeht, wenn sie den Anrufer nicht durchstellt.

verbunden zu werden, steigt. Aber oft reicht es nicht und die unvermeidliche Frage kommt: „Um was geht es bitte?" Hierauf sollte man vorbereitet sein. Am besten sind Formulierungen, die von der Sekretärin nicht sofort verstanden werden oder die auf ein vorliegendes aktuelles Ereignis verweisen wie z. B. „Es geht um die ISPO, die am 30.1. in München beginnt".

Eine ganz andere Strategie ist die Ankündigung des Anrufs für einen bestimmten Zeitpunkt. In diesem Fall ruft der Verkäufer am Vormittag die Sekretärin an, fragt nach

---

Infobox

Auch wenn es auf den ersten Blick erstaunlich klingen mag – auch beim Telefonieren spielen Mimik und Gestik eine wichtige Rolle. Versuchen Sie daher,

- eine möglichst angenehme Stimme zu haben – v. a. zum Gesprächsbeginn,
- nicht Ihren Dialekt zu unterdrücken, denn er gehört zu Ihnen,
- ein lächelndes Gesicht zu machen – dadurch wird die Stimme freundlicher und Sie wirken sympathisch,
- sich entspannt zurückzulehnen, denn dadurch wird Ihre Stimme voller und entspannter,
- nicht gestresst zu wirken, auch wenn Sie es sind. Atmen Sie im Vorfeld ein paar Mal tief durch!

der besten Anrufzeit am Nachmittag und sagt ihr dann, dass er sich um diese Zeit wieder melden wird, um ihren Chef zu sprechen. Typisches Beispiel ist „Bitte sagen Sie Frau Müller, dass ich sie zwischen 14 und 15 Uhr anrufen werde, um mit ihr über eine wichtige Neuigkeit im Zusammenhang mit ihrem Messestand auf der ISPO zu sprechen". Für die Sekretärin wird der Eindruck vermittelt: Anruf und Anrufer sind wichtig; ein Abwimmeln macht wenig Sinn.

Zweiter Schritt: Kontakt mit dem Ansprechpartner
Haben Sie es geschafft und sind zu dem potenziellen Kunden durchgestellt worden? Herzlichen Glückwunsch – jetzt geht es darum, Interesse zu wecken und einen konkreten Termin zu vereinbaren. Der Beginn ist derselbe: Der Anrufer sollte nochmals Unternehmen und Namen nennen und den Ansprechpartner direkt mit Namen begrüßen. Nach einer kurzen Pause kann man dann zur Sache kommen. Ziel ist es dabei nicht, den Kunden jetzt schon über Produkt oder Unternehmen zu informieren. Ziel muss es vielmehr sein, den Kunden zu interessieren, damit er möglichst gespannt und neugierig auf einen Besuch wird.

Infobox

Als wichtige Faustregel der Phasen der Terminfindung gilt: nicht informieren, sondern interessieren!

Typische Beispiele eines gelungenen Ersteinstiegs sind:
„Frau Müller, als Ausstellerin auf der ISPO in München
wissen Sie, worauf es bei der Gestaltung von Messestän-
den ankommt: eine gesunde Mischung von Informati-
onsmöglichkeiten und Kommunikationsgegebenheiten.
Stimmts?" Oder auch: „Frau Müller, gerade Sie als Pro-
duktmanagerin legen sicher großen Wert auf eine ver-
kaufswirksame Gestaltung Ihres Messestands auf der
ISPO in München. Dazu haben wir einige Ideen, die bei
anderen Unternehmen schon erfolgreich waren und die
für Sie sehr interessant sind!"

Weniger erfolgreich sind beispielsweise folgende Ein-
stiegsformulierungen:
„Frau Müller, für Sie als Ausstellerin auf der ISPO haben
wir interessante Neuigkeiten, die wir als Broschüre zu-
sammengestellt haben und Ihnen in den nächsten Tagen
zuschicken. Sollten Sie Interesse haben, können Sie mich
gerne kontaktieren." Hierzu wird es in den wenigsten
Fällen kommen, denn die relevanten Informationen erhält Frau Müller auch so und ob sie dann noch tatsächlich Lust hat, den Kontakt zu suchen, ist sehr unwahr-
scheinlich.

Doch es reicht noch nicht, nur Interesse beim Kunden zu
wecken. Primäres Ziel ist ja die Vereinbarung eines Termins. Hierzu wird der Kunde bereit sein, wenn er einen
Nutzen im angebotenen Produkt sieht und wenn er das

Gefühl vermittelt bekommt, dieser Nutzen kann ihm nicht am Telefon oder durch Prospekte vermittelt werden. Erfolg versprechend sind daher Sätze wie „Ich möchte Ihnen gerne ein neues System vorstellen, durch das Sie das Problem xyz in den Griff bekommen". Oder auch: „Ich möchte Ihnen anhand konkreter Beispiele zeigen, wie Sie ca. 15 % Ihrer Versandkosten einsparen können. Und dies mit wenig Aufwand. Was meinen Sie dazu?" Mitunter ist es auch sinnvoll, dem Kunden eine gemeinsame Prüfung des Angebots vorzuschlagen: „Frau Müller, lassen Sie uns gemeinsam untersuchen, welche Möglichkeiten es für Sie gibt, mit diesem neuen Gerät 10–15 % Ihrer Produktionskosten einzusparen. Ist das für Sie interessant?" Diese Fragen sind nicht zu unterschätzen und sollten ein fester Bestandteil im Terminfindungsgespräch sein. Denn durch diese Fragen wird der Kunde zum Zuhören und auch zur Antwort gezwungen.

Zeigt der Kunde konkretes Interesse, indem er z. B. sinnvolle Rückfragen stellt oder nach weiteren Informationen verlangt, kann man zum eigentlichen Kern kommen: der Vorschlag eines konkreten Termins. Er sollte nicht zu weit in der Zukunft liegen, denn jetzt kann sich der Kunde noch eher an das Telefongespräch und den ihm vermittelten Nutzen erinnern. Ein paar Wochen später ist dies bestimmt nicht mehr der Fall. Eine kurze Zusammenfassung von Angebot, Nutzen und vereinbartem Termin sollte das Terminfindungsgespräch beenden.

Auf einen Blick

Ziel des ersten telefonischen Kontakts ist die Vereinbarung eines konkreten Termins. Hierfür sind mehrere Schritte erforderlich:

→ Vorstellung: Firma, Name, Tagesgruß
→ Ansprache des Kunden mit Namen
→ Aufhänger: auf aktuellen Anlass Bezug nehmen
→ Sofort Interesse wecken
→ Vorteil für Kunden aufzeigen
→ Vorteil der Demonstration verdeutlichen
→ Bedarfsklärende Fragen stellen: was, wann, welche, wer, wie, wo?
→ Konkreten Vorschlag machen
→ Termin vereinbaren
→ Ggf. Vorabinformationen oder Spezialprospekt anbieten
→ Zusammenfassung: wichtige Abmachungen wiederholen

Am Telefon einen Besuchstermin zu vereinbaren, klingt in der Theorie oft einfach realisierbar, stellt in der Praxis jedoch meist eine echte Herausforderung dar. Denn viele Kunden haben gar nicht die Zeit, mit Verkäufern zu sprechen oder gar Termine zu vereinbaren. Hier hilft die Strategie ANGST:

- A wie Anlass nennen: Angebot, Neuheit, Steuertermin etc. Fragen Sie sich: Welcher Aufhänger ist geeignet?
- N wie Nutzen des Besuchs erklären: bessere Information, fundierte Entscheidung, aktuellerer Vergleich.
- G wie Gesprächsdauer mitteilen: Kunden müssen planen.
- S wie Selbstwertgefühl ansprechen, z. B. durch Aussagen wie „Ich weiß, Sie haben wenig Zeit und sicherlich auch schon gute Angebote, aber ..."
- T wie Terminalternative erst am Ende des Gesprächs vorschlagen, z. B. durch Formulierungen wie „Passt es Ihnen am Montagvormittag oder am Mittwochnachmittag?

Verwenden Sie für jeden Schritt einen Satz und geben Sie durch eine kurze Pause am Satzende dem Kunden die Gelegenheit zu einer kurzen Äußerung. Sie werden sehen – wenn Sie Anlass, Nutzen und Gesprächsdauer erledigt haben, ist der Termin so gut wie sicher. Bestätigen Sie ihn nochmals per E-Mail oder Fax!

Infobox

Gerade bei der Terminvereinbarung wird deutlich, wie wichtig der richtige Einsatz von Fragen ist. Fragen wie „Wann passt Ihnen ein Termin?" oder „Wann kann ich in den nächsten Wochen mal vorbeikommen" werden genauso wenig konkret

und zielführend beantwortet wie sie gestellt sind. Sinnvoller sind eingrenzende und konkretere Fragen wie „Was halten Sie von der 45. KW?" oder „Wann haben Sie in der ersten Juni-Woche Zeit?" oder auch „Wann passt es Ihnen zwischen dem 10. und 15. März?" Vermeiden sollte man allerdings auch zu konkrete Alternativfragen wie „Passt es Ihnen am 10. oder 11. März besser?"

Auf einen Blick

Erfolgreich terminieren
Sie wissen nun, wie wichtig das erfolgreiche Vereinbaren von Terminen ist, kennen aber auch die Barrieren, die auftreten können. Folgende Checkliste hilft Ihnen beim Umgang mit ihnen:

→ Terminvereinbarung möglichst gut vorbereiten
→ Überlegen, wie die Sekretärin wertschätzend behandelt werden kann
→ Namen deutlich aussprechen
→ Einen sinnvollen Aufhänger verwenden
→ Nutzen für den Kunden formulieren
→ Auf ein paar wesentliche Informationen beschränken und damit Interesse für einen Besuch wecken

> ➜ Verdeutlichen, dass der Nutzen nur durch eine Demonstration bzw. ein Zeigen vor Ort erkennbar wird
> ➜ Nicht vertrösten lassen mit „Bei Interesse rufen wir Sie zurück"
> ➜ Konkreten Terminvorschlag machen
> ➜ Im Vorfeld das System ANGST einprägen und im Gespräch nutzen

2.4 Eröffnung des Gesprächs: Der günstige Ersteindruck

Am Telefon war es noch einfacher – hier wirkte der Verkäufer nur durch seine Stimme. Beim ersten Gegenübertreten wirkt er mit seiner Gesamterscheinung, d. h. auch mit allen nicht verbalen Kommunikationselementen. Dieser erste, primär äußere Eindruck ist oft der entscheidende. Konkret bedeutet dies: Die ersten Sekunden sind für Verkaufsverhandlungen oft die wirkungsstärkste Zeit. Alle weiteren Eindrücke bauen auf diesem ersten Eindruck auf. So interpretieren viele ein hektisches Erscheinen eines Verkäufers als Stress und sehen ihn als Menschen, der immer gestresst ist und eigentlich gar nicht in der Lage ist, die Probleme des Kunden zu verstehen.

Studien haben gezeigt: Die Kaufentscheidung des Kunden hängt zu 75 % vom ersten Eindruck über den Verkäufer ab. Dieser erste Eindruck wird meistens in den ersten zehn Sekunden festgelegt und kann später kaum mehr revidiert werden. Die Grundregel ist einfach: Als Verkäufer hat man nie eine zweite Chance, einen guten ersten Eindruck zu machen.

Erster Schritt: Kleidung und Auftreten

Der erste Eindruck ist visuell. Er entsteht vor den ersten Worten. Mit Worten kann man zwar viel wiedergutmachen; man kann es aber auch verschlechtern. Daher ist es ganz entscheidend, beim ersten Kontakt einen vertrauenserweckenden Eindruck zu machen, um die Grundlage für ein positives Gesprächsklima zu schaffen. Eine nicht zu unterschätzende Rolle kommt dabei der Wahl der Kleidung zu. Folgende Tipps helfen hier:

Gepflegte Kleidung

Durch eine gepflegte äußere Erscheinung wird Achtung gegenüber dem Kunden ausgedrückt; ein nachlässiges Äußeres zeigt eher Respektlosigkeit. Es liegt nahe: Ein gepflegt aussehender Kunde wird eher auf Distanz zu einem ungepflegten Verkäufer gehen. Ungewaschene Haare, zerknitterte Hosen und verschmutzte Schuhe kann sich ein Verkäufer daher genauso wenig leisten wie einen Dreitagebart, Knoblauchgeruch oder ungepflegte Hände.

Anpassung an den Stil

Durch die Anpassung des eigenen Stils an den Stil des Kunden wird diesem das Gefühl vermittelt, der Verkäufer denkt und fühlt ähnlich wie der Kunde. Für den Kunden bedeutet dies möglicherweise, dass der Verkäufer tatsächlich der richtige Mann ist, der ihm bei der Lösung seiner Probleme helfen kann.

Kein Anbiedern

Diese Anpassung hat allerdings auch ihre Grenzen, denn der Eindruck des Anbiederns muss unbedingt vermieden werden. Es wirkt lächerlich, wenn der Verkäufer einer Computerfirma den Blaumann anzieht, bevor er zum Kunden geht, der Handwerksmeister ist. Zielführender ist hier ein Auftreten mit Hemd und Krawatte, um eine gewisse praktische Ausrichtung auszustrahlen.

Aber nicht nur die Kleidung muss passen – auch Auftreten und Benehmen müssen stimmen. Denn was nützt der gepflegteste Verkäufer, der sich nicht zu benehmen weiß und unmögliche Manieren hat? All dies – Kleidung, Auftreten und Benehmen – gilt übrigens nicht nur für Sie als Verkäufer oder Verkaufsleiter eines Unternehmens. Es gilt für sämtliche Mitarbeiter, die in Außenkontakt treten und mit (potenziellen) Kunden Kontakt haben. Als Unternehmer, Verkaufsleiter oder Verkäufer sollte man daher immer auch auf Kleidung, Auftreten und Benehmen der übrigen Mitarbeiter achten. Sie müssen dem Kunden und der Situation angemessen sein. Es wäre doch schade, wenn Sie sich als Verkäufer um einen neuen Kunden bemühen, der sich dann aufgrund eines Gesprächs mit einem Kollegen aus der Produktion gegen den Kauf entscheidet.

> **Infobox**
>
> Nicht zuletzt zählt vor allem die Ausstrahlung. Wirken Sie sympathisch und positiv auf den Kunden, haben Sie schon fast gewonnen!

Zweiter Schritt: Die Begrüßung

Gelingt es, schon zu Beginn eine optimistische Stimmung herzustellen, ist ein wichtiger Schritt getan. Möglich ist dies durch ein paar einfache Regeln:

Namen des Kunden nennen

Begrüßen Sie den Kunden mit seinem Namen, den Sie vor der Begrüßungsformel nennen: Also besser: „Frau Müller, guten Morgen" als „Guten Morgen, Frau Müller" – der Kunde fühlt sich dadurch aufgewertet.

Eigenen Namen und Unternehmen nennen

Nennen Sie den eigenen Namen immer mit dem Vornamen; dies wirkt persönlicher. Direkt nach Ihrem Namen sollten Sie den Namen Ihres Unternehmens nennen – allerdings nicht nur den Namen, sondern am besten auch das, was Ihr Unternehmen besonders auszeichnet. Sagen Sie also nicht „Ich heiße Schmidt und bin von der Firma JUMANI GmbH". Sondern besser „Ich heiße Ralf Schmidt und komme von der Firma JUMANI GmbH, dem Spezialisten für Solarenergiesysteme".

Professionelles Eintreten

Auch für das Eintreten gibt es ein paar grundlegende Regeln:

- Der Koffer gehört in die linke Hand, damit dem Kunden eine trockene und saubere rechte Hand gereicht werden kann.
- Laptop, Auftragsbuch und Terminkalender bleiben in der Tasche.
- Beim Eintreten auf eine gute, positive und offene Körperhaltung achten.
- Türe nicht ungeschickt schließen und sicher eintreten.
- Am Kunden nicht vorbeisehen, sondern sofort Augenkontakt herstellen.
- Kein routinemäßig-gleichgültiges, sondern ein freundliches Gesicht zeigen, das ausdrückt: „Ich freue mich sehr, Sie zu sehen."
- Kein aufdringliches Entgegenstrecken der Hand, sondern erst einmal abwarten, ob der Kunde die Hand

entgegenstreckt; dann sympathisch fester Hände-
druck mit Blick in die Augen.

- Kein zu leises oder zögerndes Sprechen bei den ersten
Worten! Sicherheit muss auch durch die Stimme aus-
gestrahlt werden.

> **Infobox**
>
> Denken Sie daran – jeder Mensch besitzt vier Dis-
> tanzzonen: In die Intimzone von 0 bis 50 cm Ab-
> stand dürfen nur die Intimpartner und Kinder ein-
> treten. Diese Zone liegt innerhalb einer Armlänge,
> man spürt die Wärme des anderen. Die persönli-
> che Zone befindet sich zwischen 50 cm und
> 1 m und ist guten Freunden und Kollegen vorbe-
> halten. Die gesellschaftliche Zone zwischen
> 1 m und ca. 4 m ist den restlichen Face-to-face-
> Kontakten vorbehalten. Als Verkäufer müssen Sie
> i. d. R. in der gesellschaftlichen Zone bleiben und
> müssen unbedingt darauf achten, dass Sie die
> 1-m-Distanz auf keinen Fall unterschreiten. Dies
> wirkt sonst wie ein „Auf-die-Pelle-Rücken" – so-
> wohl im räumlichen als auch im übertragenen
> Sinn. Die vierte Zone ist die öffentliche Zone, die
> bei einer Distanz von ca. 4 m beginnt.

Professionelles Sitzen

In den seltensten Fällen bleiben Verkäufer und Kunde
stehen; der Verkäufer wird gebeten, Platz zu nehmen.
Auch hierfür gibt es ein paar Tipps:

- Ein Tisch sollte keine Barriere zwischen dem Verkäufer und dem Kunden darstellen. Setzen Sie sich daher nicht gegenüber Ihres Kunden hin, sondern – falls möglich – über Eck. Dies strahlt eine partnerschaftlich orientierte Einstellung zum Kunden aus. Erforderliche Unterlagen lassen sich zudem sehr viel handlicher und einfacher zeigen.

- Breiten Sie diese Unterlagen allerdings erst dann auf dem Tisch aus, wenn Sie Ihren Kunden um Erlaubnis gefragt haben. Ansonsten besteht leicht die Gefahr, dass er sich überfahren fühlt.

- Achten Sie darauf, dass sich die Hände immer oberhalb der Tischkante befinden. Dadurch zeigen Sie, dass Sie mit offenen Karten spielen. Auch sollten die Hände immer offen sein, um die Offenheit gegenüber dem Kunden zu symbolisieren.

- Versuchen Sie, Blickkontakt zum Kunden zu halten, statt ständig Ihr Produkt oder Ihre Prospekte anzusehen.

- Sitzen Sie aufrecht und nicht verkrampft – sonst wirken Sie verspannt und verbissen und dadurch auch weniger offen auf den Kunden!

Der erste Satz

Gerade den ersten Satz nach der Vorstellung oder dem Tagesgruß hört der Kunde ganz genau und kritisch. Da muss alles stimmen, denn nicht selten wird jedes Wort auf die Goldwaage gelegt. Folgende Tipps helfen hier:

- Vermeiden Sie negative Formulierungen wie „Ich weiß nicht, ob Sie ..." oder „Es tut mir sehr leid, wenn ich ..." oder „Sicher haben Sie auch Probleme mit ..."
- Sinnvoller sind positive Formulierungen, die im Idealfall sofort den Nutzen für den Käufer aufzeigen. Beispiele sind „Gerade Sie legen doch Wert auf ..." oder „Damit Sie, Frau Müller, noch kritischer ..."
- Bei Altkunden oder wiederholten Gesprächen empfiehlt es sich, an den letzten Kontakt anzuknüpfen. Beispiele können hier sein: „Das letzte Mal hatten wir uns auf dem Kongress zum Thema ... gesehen" oder auch „Unser letzter Kontakt war das Telefongespräch wegen ..."
- Vermeiden Sie bei der Begrüßung die Floskel „Wie geht`s?". Um nach dem Wohlergehen zu fragen, sind gezielte Fragen sinnvoller: „Wie laufen die Geschäfte jetzt im August?" oder „Wie lief die letzte Kundenbefragung?"

Small Talk – richtig eingesetzt

Eine positive Grundstimmung kann man noch verstärken, wenn man als Verkäufer nicht gleich zur Sache bzw. zum eigentlichen Verkaufsgespräch kommt, sondern erst einmal über etwas redet, das nichts mit dem Beruf des Kunden oder dem zu verkaufenden Produkt zu tun hat. Dadurch wird Interesse an der Person demonstriert. Allerdings sollte dieses Interesse nicht gespielt oder aufgesetzt wirken, sondern tatsächlich vorhanden sein.

Ideal sind gemeinsame Themen. Erkennen Sie beispielsweise anhand von Fotos im Büro des Kunden, dass Ihr Kunde – wie Sie – gerne Ski fährt, sprechen Sie ihn doch darauf an. Dann können Sie Ihre Erfahrungen und Eindrücke austauschen und es entsteht eine gute und positive Basis. So positiv Small Talk auch sein kann – Sie sollten nicht zu stark auf den Kunden einreden, sondern überwiegend ihn erzählen lassen.

Der Small Talk sollte grundsätzlich positiv gestaltet werden, negative oder provokante Themen sind zu vermeiden. Folgende Themen sind deshalb ungeeignet:

- negative Bemerkungen über abwesende Personen oder vergangene Veranstaltungen
- Politik und politische Ansichten
- Themen, die (persönlichen) Finanzen betreffend
- Äußerungen und Meinungen zu Religionsfragen
- Tabuthemen wie Krankheit oder Tod

Infobox

Grundprinzip des Small Talk ist es, dass man anhand von mehr oder weniger belanglosen Themen eine möglichst gute Beziehung aufbauen kann. Diese Beziehung bildet dann die Grundstimmung für das eigentliche Verkaufsgespräch. Denken Sie dabei an folgende Faustregel: Zwei Drittel der Redezeit sollte der Kunde beanspruchen!

Auf einen Blick

Je positiver die Grundatmosphäre, desto besser
der erste Eindruck. Realisieren lässt sich dies
durch
→ eine aufwertende Behandlung des Kunden,
→ die körpersprachliche Offenheit,
→ eine positive Grundausstrahlung,
→ professionelles und positives Eintreten,
→ direkten Augenkontakt,
→ professionelles Sitzen,
→ einen positiven Einstiegssatz, der keine Floskel
  wiedergibt,
→ sinnvollen Small Talk zu Beginn des Gesprächs.

Infobox

Denken Sie daran: Einem chinesischen Sprichwort
zufolge braucht derjenige, der nicht lächeln kann,
seinen Laden erst gar nicht zu eröffnen. Zeigen
Sie als Verkäufer ein freudiges Gesicht und begrüßen Sie Ihre Kunden natürlich-freundlich,
drücken Sie damit aus: „Sie sind willkommen",
„Ich freue mich, dass Sie gekommen sind!", „Ich
freue mich, Sie hier zu haben" oder auch „Sie sind
mir sympathisch". Und ist dies nicht ein guter Einstieg?

3. Verhandlungsphase: Verkaufsgespräche erfolgreich führen

Nach der Begrüßung beginnt das eigentliche Verkaufsgespräch – jetzt geht es darum, beim Kunden Interesse für das Produkt oder die Problemlösung zu wecken. Grob teilt sich diese Phase in zwei Stufen:

- Die Stufe der Information mit dem Ziel, den Bedarf des Kunden zu ermitteln und sein Interesse zu wecken.
- Die Stufe der Argumentation und Präsentation mit dem Ziel, den Kunden zu überzeugen und zu gewinnen.

Auch hier gilt, dass Sie sich als Verkäufer bereits im Vorfeld auf diese Phasen vorbereiten sollten. Um für beide Stufen gut vorbereitet zu sein, erfahren Sie im nächsten Abschnitt,

- durch welche Methoden der tatsächliche Bedarf des Kunden ermittelt werden kann (3.1),
- wie Produkte und Anwendungen richtig demonstriert werden (3.2),
- welche Techniken der Argumentation zur Verfügung stehen, um den Kunden zu überzeugen (3.3),
- wie man mit typischen Einwänden des Kunden umgehen sollte, um den Erfolg nicht zu gefährden (3.4).

3.1 Information:
Was braucht der Kunde?

Zunächst geht es darum, herauszufinden, was der Kunde braucht und was man ihm tatsächlich bieten kann. Allerdings sind die Bedürfnisse der Kunden oft vielschichtig und in ihrer Komplexität auf den ersten Blick oft nicht eindeutig zu erkennen. Aufgabe des Verkäufers ist es daher zunächst, die Bedürfnisse der Kunden in ihrer Gesamtheit zu erkennen und zu analysieren.

> **Infobox**
>
> Der Prozess der Bedürfnisanalyse ist ähnlich wie in der Medizin. Genauso wie ein Arzt vor jeder Behandlung eine Diagnose vornimmt, müssen Verkäufer erst einmal die Kundenbedürfnisse analysieren, um dann den Nutzen ihres Produkts aufzeigen zu können.

Rationale und basale Motive – beide sind relevant

Es liegt nahe: Je besser und umfassender die Bedürfnisse des Kunden analysiert werden, desto besser lässt sich dann in der zweiten Phase – der Argumentation und Präsentation – entscheiden, welches Produkt mit welcher Argumentation präsentiert wird. Doch Vorsicht – der Kunde hat nicht nur diejenigen Bedürfnisse, die er nennt, sondern auch sogenannte basale Bedürfnisse, die von seinen Ängsten und Trieben gesteuert sind. Für Kaufentscheidungen sind genau diese jedoch oft maßgeblich. Und – denken Sie an die Ausführungen zu den Motiven in Abschnitt 2, wenn es darum geht, diese Motive zu erkennen und zu analysieren.

Typisches Beispiel ist der Kunde, der sich für eine Automarke im Hochpreissegment interessiert. Rational wird dies damit begründet, dass dieses Auto qualitativ sehr gut entwickelt und produziert wurde und dass der Wiederverkaufswert entsprechend hoch sein wird – es handelt sich somit um ein typisches Gewinnmotiv. Insgeheim spielt bei diesem Kunden vielleicht der Wunsch eine Rolle, ein Auto zu besitzen, mit dem er viel Bewunderung bei Nachbarn und Kollegen ernten kann. Dieses Geltungsmotiv wäre dann ein typisches basales Motiv.

Im Gespräch mit dem Verkäufer werden meist nur die rationalen Kaufmotive genannt. Die oft viel wichtigeren, basalen Motive werden dagegen meist nicht genannt. Denn

- viele Kunden sind sich ihrer wahren basalen Motive gar nicht bewusst oder
- möchten diese Motive aus falscher Scham oder empfundener Peinlichkeit nicht nennen.

So wird der genannte Autokäufer sicherlich nicht zugeben, dass er es genießt, mit diesem Auto Bewunderung in seinem Umfeld zu ernten.

Basale Kaufmotive werden in den meisten Fällen auch nach dem Kauf unterdrückt. Ihre Kaufentscheidung rechtfertigen Kunden meist nur mit rationalen Argumenten und Bedürfnissen.

Aus der Sicht des Verkäufers wäre es somit ein Fehler, nur auf die rationalen Bedürfnisse des Kunden zu achten. Im Gegenteil, gerade ein guter Verkäufer sollte versuchen, die basalen Bedürfnisse des Kunden herauszufinden. Wie lässt sich dies realisieren?

Zwischen den Zeilen lesen

Basale Bedürfnisse lassen sich z. B. erkennen, wenn man versucht, zwischen den Zeilen der Äußerungen des Kunden zu lesen. Achten Sie daher auf alle Äußerungen des Kunden und prüfen Sie, ob die Äußerungen tatsächlich zusammenpassen. Ein Beispiel: Ein Kunde sagt, er möchte ein Auto, welches wenig Sprit verbraucht; der Rest sei ihm egal. Bei der anschließenden Probefahrt ist er dann ganz begeistert von der Innenausstattung und den Ledersitzen. Achtung – dies könnte ein Hinweis darauf sein, dass auch das Geltungsstreben für ihn wichtig ist.

Auftreten des Kunden

Auch aufgrund des Auftretens oder der Kleidung lassen sich wertvolle Schlüsse auf basale Motive ziehen. So wird eine topmodisch gekleidete Kundin mit aufwendigem Make-up andere Kaufmotive für ein Auto haben als ein Kunde mit eher robustem Äußeren, Holzfällerhemd und Cordhose. Auch hier gilt wiederum: Passen Auftreten und Benehmen mit den rational vorgebrachten Kaufmotiven tatsächlich zusammen?

Umfeld des Kunden

Interessant ist schließlich auch das Umfeld des Kunden wie z. B. die Einrichtung des Büros, der Wohnung oder auch der Zustand des Autos. Stehen bei einem Kunden beispielsweise viele Bilder von der Familie und den Kindern auf dem Schreibtisch, existieren andere basale Grundmotive als bei einem Kunden, auf dessen Schreibtisch v. a. Bilder von ihm selbst beim Drachenfliegen, Snowboardfahren, Windsurfen und Cocktailtrinken stehen.

Auf einen Blick

Jeder Kunde hat rationale Bedürfnisse, die er äußert, und basale Bedürfnisse, die er nicht äußert, da er sie nicht kennt oder nicht mitteilen möchte. Sie sind oft entscheidend und lassen sich herausfinden durch
→ indirekte Äußerungen des Kunden,
→ Auftreten und Kleidung des Kunden,
→ die Gestaltung des Umfeldes des Kunden.
Und immer gilt es zu prüfen: Passen rationale und basale Motive zusammen?

Analyse der Bedürfnisse – die wichtigsten Werkzeuge

Unabhängig davon, ob es sich im konkreten Fall um rationale oder basale Motive handelt, so müssen diese herausgefunden werden, um dann Produkte und Argumentation auf diese Bedürfnisse abstimmen zu können. Welche Methoden stehen hier zur Verfügung?

Aktives Zuhören

Zuhören kann unterschiedlich erfolgen: passiv, indem man dem Kunden lediglich aufmerksam zuhört, ohne ihm auf irgendeine Art Rückmeldung zu geben. Dies ist zwar eine gute Basis, um Bedürfnisse analysieren zu können, reicht aber oft nicht aus. Mehr Informationen über den Kunden und seine Bedürfnisse erhält man beim aktiven Zuhören. Hier wird dem Kunden immer wieder signalisiert, dass man ihm aufmerksam zuhört und seine Gedankengänge auch nachvollziehen kann. In der einfachen Variante reichen Formulierungen wie „aha" oder „ja" oder „ich verstehe" oder auch einfach nur ein Kopfnicken.

Gedanken spiegeln

Einen Schritt weiter gehen Formulierungen, die das vom Kunden Gesagte aufgreifen und mit denen Sie gezielt nachfragen. Dadurch lässt sich dem Kunden Verständnis für das Gesagte vermitteln. Zugleich erhalten Sie als Verkäufer Feedback, wenn Sie den Kunden falsch verstanden haben. Sagt der Kunde beispielsweise bei einer Probefahrt „das Holzlenkrad sieht ja richtig toll aus", lässt sich gezielt nachfragen: „Ich verstehe, Sie meinen, das Holzlenkrad gefällt Ihnen? Ihnen ist also das Design des Innenraums wichtig?" Der Kunde, so gefragt, erzählt jetzt sicherlich noch mehr von sich und seinen Geschmacksvorstellungen, die der Verkäufer dann später in seine Argumentationskette gezielt einbauen kann.

Gezieltes Fragen

Viele Verkäufer stellen nicht gerne Fragen, da sie fürchten, dadurch neugierig und aufdringlich zu wirken. Das muss so nicht sein, denn Fragen

- bringen Antworten und Informationen,
- bringen Kunden zum Reden,
- beteiligen den Kunden am Gespräch,
- verhindern Konflikte,
- grenzen ein Problem ein,
- können Gespräche in eine gewünschte Richtung lenken,
- verhindern die eigene Vielrednerei,
- zeigen Interesse am Kunden,
- helfen, zu erkennen, ob die eigenen Ausführungen vom Kunden verstanden werden.

Infobox

Die Praxis zeigt immer wieder: Eine Verdoppelung der Fragenanzahl im Verkaufsgespräch kann die Abschlussquote um ca. 18 % erhöhen. Da lohnt sich doch eine nähere Auseinandersetzung mit Frageformen und Fragetechniken.

Gerade wenn es um das Erkennen und Analysieren von Bedürfnissen geht, stellen Fragen ein wichtiges Instrumentarium dar. Typische Beispiele sind Fragen an den Kunden

- nach seinen Wünschen,
- worauf er besonderen Wert legt oder was wichtig für ihn ist,
- wie ihm eine Produktneuheit gefällt,
- welche Muster er braucht,
- wie er ein Produkt noch einsetzen würde,
- was wohl sein Umfeld dazu meint,
- welche persönliche Meinung er dazu hat.

Allerdings gibt es verschiedene Arten, Fragen zu stellen. Zu den wichtigsten Fragetechniken zählen:

Offene Frage
Die offene Frage ermöglicht dem Antwortenden den größten Spielraum und schließt kurze Ja- oder Nein-Antworten aus. Typischerweise beginnt sie mit einem W-Fragewort. Beispiele sind:

- Welche Vorstellung haben Sie?
- Was kann ich noch für Sie tun?
- Welche Wünsche haben Sie?
- Wie viele Muster benötigen Sie?

Nützlichkeitsfrage
Die Nützlichkeitsfrage ist diejenige Frageform, bei der

die offene Frage mit einem konkreten Vorteil oder einem Nutzen verbunden wird. Sie kombiniert Frage und Nutzen und bringt den Kunden gezielt zum Nachdenken. Typische Beispiele sind:

- Was halten Sie von der Kostenersparnis?
- Wie gefällt Ihnen die einfache Anwendung?
- Was sagen Sie zu der Benutzerfreundlichkeit?

Stimmt der Kunde zu, bestätigt er, dass er den Nutzen erkannt hat. Stimmt er nicht zu, sollte gleich die nächste Frage folgen: „Worin sehen Sie dann den Nutzen?" oder „Was ist dann für Sie wichtig?"

Geschlossene Frage
Bei der geschlossenen Frage werden die Antwortmöglichkeiten stark eingegrenzt und lauten in der Regel nur „Ja" oder „Nein".
Typische Beispiele sind:

- Gefällt Ihnen das Design?
- Geht es auch am Freitag?
- Haben Sie das bereits genauer kalkuliert?
- Entscheiden Sie selbst?
- Können wir dies persönlich besprechen?

Normalerweise denkt der Kunde nicht lange nach, sondern reagiert sofort. Nachteil bei dieser Frageform ist, dass das Gespräch dann schnell beendet sein kann, da kein Dialog eröffnet wird.

Die Alternativfrage

Typisch für die Alternativfrage ist das Wörtchen „oder", durch das die Antwortmöglichkeiten eingegrenzt werden – z. B. im Hinblick auf Modell oder Farbe eines Produkts. Die Antwort „Ja" oder „Nein" wird vermieden und als Fragender hat man eine echte Chance, eine Art Entscheidung zu erhalten. Typische Beispiele sind:

- Passt Ihnen der Besuch am Freitag oder lieber schon am Donnerstag?
- Ist Ihnen Chrom oder Messing lieber?

Die vom Verkäufer bevorzugte Antwort bzw. Alternative sollte übrigens immer an zweiter Stelle stehen. An sie kann sich der Kunde noch am ehesten erinnern. Nachteil der Alternativfrage ist allerdings, dass sie auf den Kunden bevormundend und damit negativ wirken kann.

Die Suggestivfrage

Bei der Suggestivfrage handelt es sich um eine Frage mit eingebauter Antwort, die Zustimmung auslösen und eine positive Atmosphäre schaffen soll. Aber auch wenn man sich mit ihr eine Bestätigung holen kann, sollte man die Antwort trotzdem immer abwarten. Im Gegensatz zur rein rhetorischen Frage wird sie hier erwartet. Typische Beispiele sind:

- Ist es richtig, dass Sie an neuen Informationen zu diesem Thema interessiert sind?
- Stimmt es, dass bei Ihnen Rationalisierung im Vordergrund steht?

- Es kommt Ihnen doch bestimmt darauf an, dass wir schnell und zuverlässig liefern?

Verstärken lässt sich der Effekt durch Wörter wie „doch", „bestimmt", „sicherlich" oder „nicht wahr". Diese Frageform sollte sparsam und wohlüberlegt eingesetzt werden, um den Kunden nicht zu verärgern.

Auf einen Blick

Richtig gestellte Fragen können helfen, die Bedürfnisse des Kunden gezielt herauszustellen.
Denken Sie dabei an die wichtigsten Formen:

→ Die offene Frage bringt die meisten Informationen.

→ Nützlichkeitsfragen können lenken – sie fragen zwar nach der Meinung des Kunden, lenken die Antwort jedoch auf den Produktvorteil.

→ Geschlossene Fragen führen zu einer schnellen Antwort und Entscheidung; sie verhindern einen intensiven Dialog.

→ Alternativfragen eignen sich, um „Kaufsignale" zu erfahren.

→ Suggestivfragen helfen, sich erste Eindrücke, z. B. in Bezug auf existierende Bedürfnisse, bestätigen zu lassen.

Unabhängig von der Art Ihrer gestellten Frage – formulieren Sie diese unbedingt positiv. Wörter wie „nie", „nicht" oder „keine", aber auch Probleme, Beschwerden oder das Wörtchen „unzufrieden" wirken negativ.

Folgende Beispiele zeigen es:

Negativ formuliert	Positiv formuliert
Gibt es Probleme?	Was ist vorgefallen?
Ist es Ihnen zu teuer?	Welche Preisvorstellung haben Sie?
Haben Sie keine Zeit?	Wie viel Zeit hätten Sie denn?

3.2 Produkt: Auf die richtige Demonstration kommt es an

Sind die Bedürfnisse des Kunden systematisch analysiert und diagnostiziert, ist ein wichtiger Schritt getan. Auf der Basis dieser Informationen lässt sich jetzt überlegen, wie die Darstellung und Präsentation der Produkte erfolgen kann, um den Kunden noch stärker dafür zu interessieren. Nicht umsonst gilt eine gelungene Produktpräsentation oft als Höhepunkt des Verkaufsgesprächs: Was der Kunde sieht, fesselt ihn mehr als das, was er hört. Gelingt es dem Verkäufer somit, den Kunden durch die Produktpräsentation gezielt anzusprechen und ihm bewusst zu machen, dass das vorgeschlagene Produkt genau die – zuvor analysierten – Bedürfnisse erfüllt, ist man in Richtung Verkaufserfolg einen großen Schritt weiter.

Produktdemonstration: Welche Möglichkeiten existieren?

Prinzipiell existieren verschiedene Möglichkeiten für eine Vorführung oder Demonstration:

- Vorbereitete schriftliche Unterlagen wie Referenzen, Zertifikate, Artikel, Testbeurteilungen oder Bildmaterial wie Kataloge, Prospekte, Dokumentationen, Fotos etc. werden am Tisch gezeigt.
- Über das Produkt wird ein kleiner Videofilm vorgeführt.
- Das Produkt wird mit einer Multimedia-Vorführung am PC oder Notebook präsentiert.
- Das Produkt wird anhand eines Diavortrags gezeigt.
- Produktmuster werden vorgeführt.

Die Vorteile einer Präsentation liegen auf der Hand: Die Eigenschaften eines Produkts können dem Kunden visuell oder sogar plastisch vor Augen geführt werden, wodurch sich Nutzen und Vorteile leichter demonstrieren und beweisen lassen. Allerdings Vorsicht – der Kunde darf nicht den Eindruck gewinnen, dass er von der Präsentation oder der Vielzahl plastischer und visueller Informationen „erdrückt" wird.

> **Infobox**
>
> **Wussten Sie es? Der Kunde kann sich bis zu 30 % der gehörten Informationen merken und bis zu 50 % der visuell dargebotenen Informationen. Hört und sieht der Kunde im Verkaufsgespräch Informationen zum Produkt, so behält er eher die visuell aufgenommenen Informationen im Gedächtnis.**

Bei der Entscheidung für eine bestimmte Art der Demonstration spielt auch die Frage, wie viele Produkte in welcher Größe und in welcher Qualität gezeigt werden sollen, eine entscheidende Rolle. Hier gilt die einfache Faustregel: Die Auswahl der Produkte sollte einerseits nicht zu klein sein, um dem Kunden eine gewisse Auswahl demonstrieren zu können, aber auch, um sichergehen zu können, dass die Bedürfnisse des Kunden abgedeckt sind. Andererseits darf die Auswahl der Produkte aber auch nicht zu groß sein, da der Kunde sonst leicht die Übersicht verlieren kann.

Produktdemonstration: den Standpunkt des Kunden einnehmen

Präsentation und Vorführung von Produkten können gelingen, wenn man sich an ein paar Grundregeln hält. Diese gelten für jede mögliche Art der Produktpräsentation, auch unabhängig von der Frage, welche Produkte in welcher Menge gezeigt werden. Zu den wichtigsten Grundregeln zählen:

Sich in den Kunden hineinversetzen

Es liegt auf der Hand – der Kunde wird das angebotene Produkt nur dann kaufen, wenn er einen tatsächlichen Nutzen darin sieht oder erkennt, dass genau dieses Produkt seine Bedürfnisse befriedigen oder sein Problem lösen kann. Für den Verkäufer bedeutet dies – er muss sein Produkt aus der Perspektive des Kunden sehen und in Bezug auf dessen Bedürfnisse empfehlen. Eine Grundregel ist daher für jeden Verkäufer: Versetzen Sie sich in die Denkstrukturen Ihres Kunden hinein und berücksichtigen Sie dessen Kaufmotive, um Ihre Produkte zu präsentieren! Je mehr es Ihnen gelingt, die Produkte gemäß der inneren Logik des Kunden zu präsentieren, desto eher lässt sich dieser davon überzeugen, dass das vorgestellte Produkt seine Bedürfnisse genau erfüllt.

Nutzen verkaufen, kein Produkt

Ein Kunde ist weniger am Produkt an sich interessiert, sondern immer am Nutzen, den ihm das Produkt für sich bieten kann. So möchte ein Interessent für Espressomaschinen keine Espressomaschine, sondern einen guten Espresso oder guten Latte macchiato; ein Interessent für Alarmanlagen erwartet Sicherheit als Problemlösung und der Käufer eines Pkws möchte dadurch primär seine Mobilität erhöhen. Dies wird häufig übersehen. Infolgedessen wird der Kunde in so manchem Verkaufsgespräch mit technischen Details oder Produktdaten überschüttet und erfährt wenig darüber, wie all diese technischen Details ihm tatsächlich bei der Lösung seines Problems helfen. Eine wichtige Grundregel für den Verkäufer lautet daher: Übersetzen Sie Produktmerkmale immer gleich in den Kundennutzen. Machen Sie dem potenziellen Käufer also klar, wie gut der Espresso oder der Latte macchiato aufgrund der Produktmerkmale tatsächlich schmeckt!

> **Infobox**
>
> **Leichter gesagt als getan? Greifen Sie einfach auf folgende Transferformel zurück: Produktmerkmal (Verkäuferseite) = Nutzen (Kundenseite). Überlegen Sie sich schon im Vorfeld: Welche Merkmale zeichnen mein Produkt aus und welcher Nutzen kann sich daraus für den Kunden konkret ergeben?**

Kundenorientiert formulieren

Kundenorientiert sollten auch Wortwahl und Formulierungen sein. An die Stelle von Ich-Formulierungen wie

z. B. „Ich zeige Ihnen jetzt ..." sollten daher Formulierungen treten, die den Kunden in den Mittelpunkt stellen. Typisches Beispiel ist „Hier sehen Sie ....; dadurch können Sie sich einen Überblick verschaffen". Denken Sie daran – bei Ich-Formulierungen stellt sich der Verkäufer in den Mittelpunkt; bei Sie-Formulierungen steht der Kunde im Mittelpunkt und spürt, dass es um ihn geht.

Wortbrücken einsetzen

In die Denk- und Motivstruktur des Kunden kann man sich auch durch die Verwendung sogenannter Wortbrücken einbinden. Sie helfen, eine Art Brücke zwischen dem Produkt und dem Problem oder dem erwarteten Nutzen beim Kunden herzustellen. Hat der Kunde z. B. geäußert, dass er, seitdem er in Italien war, keinen normalen Kaffee mehr trinken kann, sagen Sie als Verkäufer bei der Vorstellung der Espressomaschine: „Glauben Sie mir, der Espresso schmeckt so gut wie auf dem Markusplatz in Venedig." Durch diese Formulierung ist eine Wortbrücke zu dem beim Kunden erwarteten Nutzen hergestellt; man kann die Produkte direkt, nahtlos und positiv in die Denkstruktur und Gedankenbilder des Kunden einfügen.

Produktdemonstration: das Produkt vorteilhaft darstellen

Das Ziel einer Produktpräsentation ist bekannt – für den Kunden soll das Produkt so vorteilhaft und attraktiv erscheinen, dass er den Nutzen für sich erkennt und von dem Produkt begeistert ist. Hierfür den Standpunkt des Kunden einzunehmen, stellt eine wichtige Basis dar, ist aber noch nicht genug. Auch bei der Produktpräsentation sind weitere wichtige Grundregeln einzuhalten.

Positives Verhältnis zeigen

Geht ein Verkäufer mit dem zu verkaufenden Produkt achtlos und lieblos um, so kann er es verbal oder in seiner Präsentation noch so sehr loben oder vorteilhaft darstellen; der Kunde wird kaum zu überzeugen sein. Den Grund hierfür kennen Sie bereits aus Abschnitt 2.3: Passen Verhalten und Äußerungen nicht zusammen, nimmt der Kunde widersprechende Informationen auf, die bei ihm zu kognitiven Dissonanzen führen. In Konsequenz wird er von dem Produkt nicht überzeugt sein und das Verkaufsgespräch wird scheitern. Dies muss nicht so sein, achtet der Verkäufer auch auf die nichtverbalen Kommunikationselemente wie v. a. die Mimik und sein Verhalten. Bemüht er sich um das Produkt und behandelt es gut, werden die verbalen Äußerungen unterstrichen und der Kunde wird eher von dem Produkt überzeugt sein.

Ein positives Verhältnis drückt sich nicht nur durch einen positiven Umgang, sondern auch immer durch positive Formulierungen aus. Es besteht ein großer Unterschied darin, ob man mitteilt, was möglich ist, oder ob man mitteilt, was nicht möglich ist. So klingt die Formulierung „Sie erhalten die zusätzlichen Informationen in der nächsten Woche" sehr viel besser als die Formulierung „Tut mir leid, diese Woche schaffe ich es nicht mehr, Ihnen die zusätzlichen Informationen zusammenzustellen". Je positiver, desto besser!

> **Infobox**
>
> **Positive Formulierungen helfen beim Umgang mit Schwachstellen. Auch wenn genug Vorteile und positive Eigenschaften existieren – jedes Produkt hat ein oder zwei Aspekte, die weniger vorteilhaft sind. Kein Problem, wenn man versucht, diese Seiten so darzustellen, dass sie doch vorteilhaft erscheinen. So lässt sich z. B. das Problem langer Lieferzeiten durch eine Formulierung der Art „Zur Zeit ist unser Produkt so gefragt, dass man sogar längere Zeit warten muss ..." ganz anders darstellen.**

Verständlich formulieren

In Abschnitt 1.4 haben Sie die Grundregeln der Formulierung schon kennengelernt: einfach, strukturiert, prägnant und stimulierend. Je verständlicher die Äußerungen sind, desto eher versteht der Kunde Produktmerkmale und deren Nutzen und lässt sich überzeugen.

Alleinstellungsmerkmal aufzeigen

Der Kunde soll von dem Nutzen des Produkts überzeugt werden? Dann muss er wissen, warum genau das demonstrierte Produkt diesen Nutzen bieten kann und nicht die Produkte der Konkurrenz, die meist zahlreich auf dem Markt vertreten sind. Um den Kunden überzeugen zu können, muss ihm das sogenannte Alleinstellungsmerkmal des Produkts aufgezeigt werden. Dabei handelt es sich um diejenige Produkteigenschaft, die das Produkt einzigartig macht und somit von der Konkurrenz abhebt. Bei den meisten Produkten lässt sich ein derartiges Alleinstellungsmerkmal finden, das die Konkurrenzprodukte nicht – oder zumindest nicht in diesem Maße – bieten können.

> Wussten Sie es? Im Englischen wird dieses Alleinstellungsmerkmal auch „Unique Selling Proposition" oder auch „USP" bezeichnet. Es lohnt sich, dieses USP im Vorfeld zu identifizieren – nicht nur für Verkaufsgespräche!

Nutzenbezogen argumentieren

Es kann nicht häufig genug darauf hingewiesen werden – die Argumentation muss nutzenbezogen erfolgen. Viele Verkäufer sprechen von Verkaufsargumenten – was letztlich nicht ganz stimmt, denn aus der Sicht des Käufers, der ja über den Verkaufserfolg am Schluss maßgeblich entscheidet, zählen nur die Einkaufsargumente. Und je nutzenorientierter diese wahrgenommen werden, desto leichter lässt sich der Käufer überzeugen. Alle Argumente müssen daher nutzen- und kundenbezogen sein.

Fünf Argumente reichen aus

Jedem guten Verkäufer fallen – gerade nach einer Analyse der Bedürfnisse und Probleme des Kunden – sicherlich unzählige Argumente und Gründe für den Kauf des eigenen Produkts ein. Dies ist prinzipiell gut so; in das Verkaufsgespräch sollten allerdings nicht gleich alle Argumente einfließen, denn das Aufnahmevermögen des Kunden ist schnell ausgeschöpft. Mehr als fünf bis sieben Argumente sollten daher nicht einfließen; ansonsten besteht die Gefahr, dass der Kunde sich an die ersten Argumente nicht mehr erinnern kann und er das Gefühl erhält, es handle sich um ein kompliziertes Produkt. Die einfache Grundregel lautet daher: fünf bis sieben Argumente mit der höchsten Relevanz aus der Sicht des Kunden!

Reihenfolge der Argumente

Entscheidend ist nicht nur die Menge der Argumente, sondern auch die Reihenfolge der Argumentation. Das beste der ausgewählten Argumente sollte als letztes kommen, es wirkt dann noch intensiver auf den Kunden. In diesem Zusammenhang wird häufig auch vom Recency-Effekt gesprochen. Das zweitbeste Argument sollte als erstes genannt werden, da auch das am Anfang Genannte intensiv auf den Kunden wirkt. In der Fachliteratur wird diesbezüglich vom Primacy-Effekt gesprochen. Dazwischen können die restlichen Argumente – jeweils vom schwächeren zum stärkeren – genannt werden. Erfahrungsgemäß lässt sich dadurch der Kunde am besten überzeugen.

Zahlen bildhaft darstellen

Die meisten Menschen empfinden es als unangenehm, vielen Zahlen ausgeliefert zu sein. Manche Kunden bekommen sogar leicht das Gefühl, von ihnen erdrückt zu werden. Dennoch ist das Aufzeigen von Zahlen oft notwendig, um z. B. Erspariseffekte aufzeigen zu können, um Wirkungen auf die Kosten zu demonstrieren oder auch einfach nur, um den Nutzen des Produkts aufzuzeigen. Dann ist es jedoch anschaulicher, die Zahlen bildhaft auszudrücken. Sagen Sie daher besser „Sie sparen hier einen halben Tank pro Monat" oder „Von den Ersparnissen können Sie Ihre Frau einmal zum Essen einladen" statt „Sie sparen 33,5 l Benzin pro Monat".

Grundregeln der Argumentation beherzigen

Abschließend ist für eine gute Argumentationskette natürlich nicht nur die Quantität und die Anordnung der Argumente entscheidend; auch die Art, wie die Argumentation erfolgt und in welcher Weise die Argumente erläutert werden, ist maßgebend. Folgende Grundregeln sind hier zu beachten:

- Die Wirkung von Argumenten steigt, wenn diese mit einer persönlichen Anrede eingeleitet werden, denn dadurch wird Aufmerksamkeit hergestellt.
- Spannung wird erzeugt, wenn nach der Anrede eine kleine Pause folgt.
- Die Glaubwürdigkeit der Argumente lässt sich erhöhen, wenn Sie Ihre Stimmlage den zu vermittelnden

Inhalten anpassen. Sprechen Sie grundsätzlich ruhig, klar und sicher.

- Die Anschaulichkeit wird erhöht, wenn Sie die Argumente für den Kunden bildhaft darstellen.
- Die Verständlichkeit wird erhöht, wenn die Argumente in Vergleiche gekleidet werden.
- Die Nachvollziehbarkeit lässt sich erhöhen, wenn auf Beispiele zurückgegriffen wird, die auf den Kunden zugeschnitten sind.
- Die Schlüssigkeit wird erhöht, wenn wichtige Argumente aus verschiedenen Blickwinkeln gezeigt werden.

> **Infobox**
>
> **Greifen Sie bei der Darstellung Ihrer Argumente auf die 3–A–Strategie zurück: Ankündigung durch eine entsprechende Hinleitung zum Argument, Argumentation selbst und Abschlussfrage, um das Argument auszuleiten und dem Kunden die Möglichkeit zu bieten, dazu Stellung zu nehmen.**

Auf einen Blick

Produkte vorteilhaft und attraktiv demonstrieren bedeutet,
➝ auch die Schwachstellen positiv darzustellen,
➝ das Alleinstellungsmerkmal in den Vordergrund zu stellen,

- → ausschließlich nutzenorientierte Argumente zu nennen,
- → nicht zu viele wesentliche Argumente zu nennen,
- → das beste Argument an den Schluss, das zweitbeste Argument an den Anfang zu stellen,
- → Zahlen bildhaft auszudrücken,
- → die Grundregeln der Argumentation zu beherzigen.

Produktdemonstration: Welche Werkzeuge sind sinnvoll?

Um Produkte kundenwirksam präsentieren zu können, stehen nicht nur die bereits erläuterten Methoden und Techniken zur Verfügung. Es gibt weitere handfeste Werkzeuge, zu denen v. a. zählen:

Pencil-Selling-Technik

Einen Großteil der Informationen nimmt der Mensch über die Augen auf. Für den Verkäufer bedeutet das nicht nur, die Produkte möglichst visuell und plastisch darzustellen. Zusätzlich sollte er immer einen Stift (englisch *pencil*) griffbereit haben, mit dem er dem Kunden Gedanken, Konzepte oder auch Zusammenhänge ergänzend visualisieren kann. Möchte der Kunde beispielsweise wissen, aus welchen Bestandteilen ein Produkt intern aufgebaut ist, kann der Verkäufer dies dann schnell und einfach skizzieren und dem Kunden anhand der Skizze erläutern. Durch dieses Pencil-Selling wirken die Argumente beim Kunden länger und intensiver, als wenn man nur versucht, die Zusammenhänge verbal darzustellen.

> **Infobox**
>
> **Für diesen Fall sollte man als guter Verkäufer nicht nur immer einen Stift, sondern auch das entsprechende Papier parat haben. Finden die Verkaufsgespräche beim Verkäufer statt, empfiehlt sich sogar ein Flipchart, auf das dann zurückgegriffen werden kann.**

Visionstechnik

Vorstellungskraft hilft, sich ein positives Bild vom Produkt zu machen. Dies ist v. a. dann der Fall, wenn die Vorstellung, also die Vision Situationen aufzeigt, in denen der Kunde mit dem Produkt seine Wünsche erfüllt haben wird. So eine Vision entsteht z. B. durch die Äußerung „Wenn Sie hier einen Latte macchiato trinken, denken Sie, Sie sitzen in Rom, die Sonne scheint, es ist warm und Sie spüren das Dolce Vita Italiens". Mit derartigen Visionen wird der Kunde ein angenehmes Bild vom Besitzen der Espressomaschine aufbauen. Für das Entwickeln von Visionen gilt: Formulieren Sie in der Gegenwartsform, tun Sie so, als ob der Kunde schon gekauft hätte, und sprechen Sie alle Sinne an!

Nutzen erleben

Produktdemonstrationen können unterschiedlich erfolgen: Man kann Produkte verbal erläutern, man kann Produkte visuell und plastisch zeigen und man kann den Kunden das Produkt ausprobieren lassen. Typische Beispiele sind Probefahrten, Probewohnen am Wochenende oder auch die probeweise Nutzung von Geräten. Dadurch lässt sich viel erreichen, denn hat der Kunde den Nutzen des Produkts einmal erlebt, wird es ihm schwerfallen, es wieder herzugeben.

Auf einen Blick

Unterstützen Sie Ihre Produktpräsentation, indem Sie
→ immer Stift und Blätter bei sich haben, um Zusammenhänge visualisieren zu können,
→ Visionen entwickeln und aufzeigen, in denen sich der Kunde wiederfindet,
→ dem Kunden die Möglichkeit eröffnen, das Produkt zu testen und den Nutzen erlebbar zu machen.

Produktdemonstration: An was ist noch zu denken?

Viele Techniken und Methoden einer anschaulichen Produktdemonstration im Rahmen eines Verkaufsgespräches kennen Sie jetzt schon. Diese betreffen Kundensicht, anschauliche Darstellung und Werkzeuge; zu der eigentlichen Präsentation sagen sie noch wenig aus. Was ist hier noch zu beachten?

Sorgfältige Vorbereitung

Jede Präsentation muss sorgfältig vorbereitet werden. Dies betrifft zum einen den Inhalt – man muss sich z. B. schon im Vorfeld Gedanken über den Kunden machen und sich überlegen, welche Argumente in welcher Reihenfolge gebracht werden sollten. Eine gute Vorbereitung betrifft zum anderen die Technik, die man entweder selbst mitnehmen muss oder die der Kunde bereitstellen kann. Dies ist ebenfalls im Vorfeld zu klären.

Ankündigung

Erläutern Sie dem Kunden schon zu Beginn der Demonstration, was Sie zeigen möchten. Es ist immer von Vorteil, eine gewisse Spannung aufzubauen, bevor der Kunde dann Ihr Angebot sieht.

Konzentration

Beschränken Sie sich auf die wesentlichen Argumente! Trotz guter Planung und Überlegungen im Vorfeld: In der Vorführung selbst besteht oft die Gefahr, dass man sich aufgrund von Rückfragen von seinen Argumenten wegbewegt und sich auf Detailfragen einlässt. Vermeiden Sie dies und versuchen Sie immer wieder, zu Ihrer Struktur und zu Ihren Hauptargumenten zurückzukommen!

Mitwirken

Aktivieren Sie den Kunden! Je mehr er bei der Präsentation oder der Demonstration mitwirken kann, desto schneller wird er sich mit dem Angebot identifizieren.

Gezieltes Fragen

Nicht nur Sie als Verkäufer dürfen reden. Durch geschicktes Fragen sollte der Kunde in das Gespräch einbezogen werden – letztlich lässt sich nur so erkennen, was ihn beeindruckt, was ihn stört und ob er tatsächlich von dem Produkt angesprochen wird. Greifen Sie dabei auch auf die Fragetechniken aus Abschnitt 3.1 zurück!

Nicht zu lang

Auch wenn es viel zu sagen gäbe – eine Produktpräsentation sollte nie zu lang sein. Im Gegenteil – eine allzu eingehende und ausgedehnte Vorführung ermüdet den Kunden. Dies gilt v. a. dann, wenn es sich um komplizierte und für den Kunden unbekannte Arbeitsvorgänge handelt. Denken Sie dabei an die Grundregeln der Verständlichkeit – Einfachheit, Struktur, Prägnanz und Stimulanz!

Feedback einholen

Durch gezieltes Fragen, wie dem Kunden die Präsentation gefallen hat, ob er sich wiederfinden kann, ob er sich vorstellen kann, dass dieses Produkt hilft, seine Probleme zu lösen, lassen sich wertvolle Anhaltspunkte darüber gewinnen, ob Produkt und Kunde zusammenpassen. Diese Gelegenheit sollte man nutzen!

Eine einfache Methodik für Produktpräsentationen stellt das EZEB-System dar:

E: Erklären Sie, was Sie zeigen wollen: „Jetzt sehen Sie ..."

Z: Zeigen Sie das angekündigte Produkt – besser im Original als auf Video.

E: Beziehen Sie Ihren Kunden sinnvoll ein, indem Sie ihn zum Mitmachen auffordern: „Prüfen Sie mal ..." oder „Drücken Sie auf diesen Knopf ..." oder „Halten Sie mal gegen das Licht ..."

B: Bestätigen Sie, indem Sie eine Frage stellen, nachdem der Kunde selbst aktiv war: „Wie gefällt Ihnen die Oberfläche?" oder „Wie finden Sie die Bedienung?" oder auch „Worin sehen Sie die Vorteile?"

Auf einen Blick

Eine gute Produktpräsentation

→ ist vorbereitet,
→ zeigt am Anfang auf, worum es geht,
→ ist auf das Wesentliche fokussiert,
→ lässt den Kunden mitwirken,
→ bezieht den Kunden in das Gespräch ein,
→ ist nicht zu lange,
→ endet mit einem Feedback.

Als guter Verkäufer sollten Sie unbedingt folgende Fehler vermeiden. Ein guter Verkäufer

- sitzt nicht gegenüber vom Kunden. Besser ist – wie schon erwähnt – neben ihm oder über Eck. Dies gilt v. a. bei der Erläuterung von Unterlagen. Diese sollte der Kunde nicht auf dem Kopf lesen müssen.
- redet nicht, wenn der Kunde etwas ausprobiert, sondern beobachtet seine Reaktion.
- übergibt für den Kunden bestimmte Unterlagen nicht schon zu Beginn; der richtige Zeitpunkt hierfür ist gegen Ende der Präsentation.
- liest nicht aus den Unterlagen vor, sondern erläutert sie in möglichst freier Rede.
- zeigt zu Beginn nichts Komplexes, sondern nur leicht Verständliches.
- redet nie von Prospekten, sondern von Dokumentationen oder von einem Datenblatt.
- legt nicht gleich alles auf den Tisch, sondern holt nach und nach hervor, was er braucht.
- vermeidet langes Suchen in den Unterlagen, da dies unsicher wirkt.
- kennt seine Unterlagen und kommt im Notfall auch ohne Unterlagen zurecht.

3.3 Preis: Sinnvoll argumentieren

Leider ist das Produkt noch nicht gekauft, wenn es gut präsentiert ist. Meist fehlt noch ein entscheidender

Punkt – die Preisverhandlung. Für viele Verkäufer ist sie die am meisten gefürchtete Phase des Verkaufsgesprächs. Das muss aber nicht sein. Denn je besser sie vorbereitet ist, desto unproblematischer wird sie werden und desto eher wird sie gelingen. Dies bezieht sich zum einen auf die Art, wie der Preis in der Preisverhandlung genannt wird, zum anderen darauf, wie die Preisargumentation grundsätzlich geführt wird.

Preis – gezielt nennen

Preis und Nutzen kann der Kunde erst dann vergleichen, wenn er den Nutzen demonstriert bekommt – z. B. im Rahmen einer Demonstration – und wenn er den Preis erfährt. Eine gute Preisverhandlung fängt also schon damit an, dass dem Kunden der Preis sinnvoll vermittelt wird. Hierfür existieren unterschiedliche Möglichkeiten:

Preis als Selbstverständlichkeit

Ist man als Verkäufer von dem Nutzen seines Produkts überzeugt und der Meinung, dass das Produkt seinen Preis wert ist, kann man den Preis auch selbstbewusst und stolz dem Kunden gegenüber nennen und muss sich nicht für den Preis entschuldigen. Dies wäre ähnlich kontraproduktiv wie das Zeigen von Scham oder Unsicherheit – sei es durch Worte oder durch Mimik. Im Gegenteil – sinnvoller ist es, dem Kunden offen und sicher in die Augen zu blicken und den Preis selbstbewusst zu nennen.

Sandwich-Technik

Bei manchen Kunden lässt sich dies so nicht realisieren – der Preis muss dann vorsichtig oder behutsam vermittelt werden. In diesen Fällen bietet sich die Sandwich-Technik an. Hier wird der Preis zwischen zwei Nutzenvorteile „verpackt". Der Kunde erfährt einen Nutzen, dann den Preis und dann einen weiteren Vorteil. So könnte z. B. der Preis für eine Waschmaschine wie folgt integriert werden: „Bei dieser Waschmaschine haben Sie eine Vielzahl von Waschgängen, die in früheren Modellen nicht vorgesehen waren. Und wenn Sie 799 € in diese Waschmaschine investieren, dann können Sie sicher sein, dass Ihre neue Waschmaschine in zehn Jahren immer noch so gut funktioniert wie heute."

Der wesentliche Vorteil dieser Methode liegt darin, dass der Preis nicht einfach nur genannt wird und unkommentiert im Raum schwebt, wie es z. B. mit einer Aussage wie „Die Waschmaschine kostet übrigens 799 €" der Fall wäre. Im Gegenteil – bei dieser Technik wird der Preis nebensächlich und somit ganz selbstverständlich in einen längeren Satz verpackt, und da dieser Satz v. a. aus Produktnutzen besteht, wird der Preis dann auch leichter vom Kunden angenommen werden.

Stückeln des Preises

Unabhängig davon, ob man den Preis ganz selbstverständlich nennt oder ihn in die Nennung der wesentlichen Vorteile integriert – oft ist es sinnvoll, nicht gleich den Gesamtpreis zu nennen, sondern den Preis zu stückeln. So erscheint ein Grundmodell eines neuen Autos für 19.400 € noch finanzierbar, während der Gesamtpreis von z. B. 34.000 € eine abschreckende Wirkung auf den Kunden haben kann. Häufig hat der Kunde den Kaufentschluss bereits endgültig gefällt, wenn er den gestückelten Preis gehört und als sinnvoll akzeptiert hat. Die Hürde, sich dann noch für Extras zu entscheiden, ist erfahrungsgemäß nicht mehr so groß.

Relativieren des Preises

Erscheint auch die Stückelung des Preises noch zu hoch, ist es möglich, den Preis zu relativieren, indem er in anderen Bezugsgrößen ausgedrückt wird. So wirkt beispielsweise eine Waschmaschine für 799 € recht teuer, wenn der absolute Preis genannt wird. Wird dagegen argumentiert, dass bei einer durchschnittlichen Nutzungsdauer von zehn Jahren die Waschmaschine im Jahr nur rund 80 € kostet, klingt der Preis für den Kunden sicher akzeptabler. Irgendwann muss man zwar auch hier den absoluten Preis nennen; der Kunde ist aber aufgrund des relativierten Preises schon einmal positiv gestimmt. Dies ist v. a. dann der Fall, wenn es gelingt, dem relativierten Preis den Produktnutzen gegenüberzustellen, also z. B.: „Für 80 € jährlich haben Sie die nächsten zehn Jahre saubere Wäsche." Auf diese Weise kann der Kunde den Preis mit einer positiven Empfindung verknüpfen.

Infobox

Denken Sie schon bei der Preisfindung an die Preisargumentation und versuchen Sie, den Preis unterhalb der psychologischen Barrieren anzusetzen. Ein Produkt, das 495 € kostet, wirkt preiswerter als dasselbe Produkt für 500 €. Auch wenn der versierte Kunde diese Methode kennt, wirkt sie dennoch. Eine weitere psychologische Barriere lässt sich vermeiden, wenn das Wort „tausend" vermieden wird und statt einem Preis von „eintausenddreihundertfünfzig" ein Preis von „dreizehnhundertfünfzig" genannt wird.

Auf einen Blick

Prüfen Sie, wie der Kunde wohl auf den Preis reagiert, und entscheiden Sie:
→ Selbstbewusst nennen – da Sie von dem Produkt und Preis überzeugt sind
→ In eine Nutzenargumentation einbetten
→ Sinnvoll stückeln
→ Relativieren – z. B. auf die Nutzungsdauer
→ Die psychologischen Barrieren vor Augen führen

Kennt der Kunde den Preis, wird er in den seltensten Fällen bereit sein, ihn einfach zu akzeptieren; er wird versuchen, ihn zu drücken. Dies kann mehrere Gründe haben:

- Dem Kunden A ist der genannte Preis zu hoch, da er noch keinen Nutzen im angebotenen Produkt sieht bzw. erkennt.
- Für den Kunden B sind Preis und Nutzen zwar ausgewogen, er kennt aber ein besseres Angebot eines Wettbewerbers mit einem niedrigeren Preis.
- Den Kunden C interessieren v. a. Rabatte.

Hiervon abhängig ist dann die weiterzuverfolgende Strategie der Preisargumentation. Geht es bei Kunde A eher darum, ein ausgewogenes Verhältnis zwischen Preis und Nutzen herzustellen, muss bei Kunde B das Angebot der Konkurrenz hinterfragt werden. Dagegen lässt sich Kunde C vor allem durch geschickte Nachlässe und Rabatte überzeugen.

Kosten – Nutzen: auf das richtige Verhältnis kommt es an

Zunächst ist Kunde A zu überzeugen. Jedes Produkt hat seinen Preis. Ein Kunde wird aber erst dann bereit sein, diesen Preis auch zu zahlen, wenn er einen echten Nutzen im Produkt sieht und dieser Nutzen den geforderten Preis auch rechtfertigt. Der Kunde wird also Preis und Nutzen gegenüberstellen und dann entscheiden.

Aus der Sicht des Verkäufers gibt es somit zwei Ansatzpunkte, diese Entscheidung zu beeinflussen:

- Er kann den Preis reduzieren und damit das Verhältnis zugunsten des Nutzens erhöhen. Dies ist möglich, stellt aber die schlechtere Lösung dar, denn kaum ein Verkäufer wird bereit sein, das Produkt zu einem schlechteren Preis zu verkaufen.
- Er kann versuchen, den subjektiv erkannten Nutzen zu erhöhen, sodass der Preis in den Augen des Kunden gerechtfertigt erscheint.

Wichtig dabei ist, dass aus der Sicht des Kunden nicht der objektiv vorhandene Produktnutzen ausschlaggebend ist. Im Gegenteil – Vergleichsbasis ist immer der von ihm subjektiv empfundene Produktnutzen. Solange der Käufer nicht die objektiv vorhandenen Vorteile als subjektiven Nutzen interpretiert, wird er diese nicht in den Vergleich mit dem Preis einbeziehen. Dies zeigt wiederum, wie wichtig es ist, sich beim Verkaufsgespräch und der Demonstration des Produkts in den Kunden hineinzuversetzen und ihm zu zeigen, welchen Nutzen das Produkt für ihn und seine Probleme haben kann.

Realisieren lässt sich dies beispielsweise dadurch, dass jede Aussage in einen Nutzen oder einen Vorteil für den Kunden übersetzt wird. Typische Beispiele hierfür sind:
- „Sie ersparen sich dadurch ..."
- „Sie gewinnen dabei ..."
- „Sie erreichen somit ..."
- „Sie reduzieren dadurch ..."

Dabei sollten immer das Wort „Sie" oder „Ihre" explizit genannt sein, damit sich der Kunde persönlich angesprochen fühlt.

Auf einen Blick

Kein Grund zur Sorge besteht, wenn der Kunde sagt, das Produkt sei zu teuer. Zunächst heißt dies nur, dass das Verhältnis Preis und Nutzen für den Kunden noch nicht ausgewogen ist. Diese Ausgewogenheit lässt sich herstellen, wenn es gelingt, die Eigenschaften des Produkts kunden- und nutzenorientiert zu vermitteln. Denken Sie immer daran: Je besser die Leistung und je höher der erkennbare Nutzen, desto mehr ist der Kunde auch bereit, einen gewissen Preis zu zahlen.

Nicht immer gelingt es jedoch, den subjektiven Nutzen tatsächlich zu vermitteln und dadurch den genannten Preis zu rechtfertigen. Trotz aller nutzen- und kundenorientiert hervorgebrachter Argumente wird so mancher Kunde sagen: „Sie sind zu teuer!" Was nun? Wenig Sinn macht es, den Preis zu verteidigen. Sinnvoller erscheint es, zunächst den Hintergrund zu erfragen, um zu erfahren, was gemeint ist, um anschließend entsprechend argumentieren zu können. Typische Fragen in diesem Fall könnten sein:

- Was heißt „zu teuer"? – um eine genauere Erklärung vom Kunden zu erhalten.
- Wie meinen Sie das? – um eine eher allgemeine Erläuterung zu erhalten.
- Womit vergleichen Sie? – um einen Hinweis auf ein Wettbewerbsprodukt zu erhalten.
- Kennen Sie jemanden, der günstiger ist? – um einen Hinweis auf ein Wettbewerbsunternehmen zu erhalten.
- Um welchen Betrag geht es Ihnen hierbei? – um den relevanten Betrag zu erfahren und evtl. Preisnachlässe zur Sprache zu bringen.
- Welchen Preis wären Sie bereit zu zahlen? – um die Preisvorstellungen des Kunden zu erfahren und evtl. Preisnachlässe zu erwähnen.
- Ist der Preis das wichtigste Argument für Sie? – um zu erkennen, ob wirklich der Preis oder andere Gründe für die ablehnende Haltung ausschlaggebend sind.
- Was ist in Ihren Augen wichtiger als der Preis? – um zu erkennen, ob der Preis oder die Qualität letztlich die ausschlaggebende Rolle spielen.
- Können wir die Leistung oder die Menge erhöhen? – um dadurch die Ausgewogenheit zwischen Preis und Leistung bzw. Nutzen zu erhöhen.

Konkurrenzprodukte – ein ernst zu nehmender Faktor
Aus diesen und weiteren direkten Fragen an den Kunden lässt sich möglicherweise erkennen, dass es sich um den

oben schon erwähnten Kunden B handelt, der zwar die Ausgewogenheit zwischen Produkt bzw. Nutzen und Preis sieht, jedoch einen günstigeren Preis der Konkurrenz kennt. Dann ist zunächst – sei es durch Fragen oder auch durch zusätzliche Informationen – zu prüfen, um welches Produkt welches Wettbewerbers es sich dabei genau handelt. Eine wertvolle Hilfestellung können dabei folgende Fragestellungen bieten:

- Um welches Produkt welches Konkurrenten handelt es sich?
- Welche Leistungsmerkmale hat das Konkurrenzprodukt?
- Stimmen die Qualitätsmerkmale mit dem eigenen Angebot überein?
- Welche Mengenabnahmen liegen dem Konkurrenzprodukt zugrunde?
- Um welchen Differenzbetrag geht es genau?
- Worin könnten Unterschiede zwischen dem eigenen Produkt und dem Konkurrenzprodukt liegen – in der Qualität, im Liefertermin, im Service oder in anderen Details?
- Welches Alleinstellungsmerkmal liegt dem Konkurrenzprodukt zugrunde?
- Welchen Ruf haben Konkurrenzprodukt und Unternehmen?
- Welche positiven und negativen Referenzen sind bekannt?

Auf der Basis der so eingeholten Informationen lässt sich dann überlegen, in welche Richtung die weitere Argumentation erfolgen kann, um das Verkaufsgespräch noch in eine erfolgsversprechende Richtung zu lenken. Ziel ist es dabei, den Käufer davon zu überzeugen, dass sich die momentane Mehrinvestition in das eigene Produkt langfristig auszahlen wird. Ein Produkt, das weniger kostet, wird irgendwann auch weniger Nutzen bieten. Das bedeutet, dass sich der Kunde zwar jetzt über den geringeren Preis freut; irgendwann wird sich dies aber ändern und die Freude über die Geldersparnis wird einer Reue über den doch geringeren Produktnutzen weichen. Langfristig gesehen wird der Kunde dann unweigerlich zu der Überzeugung gelangen, dass er am falschen Ende gespart hat.

Alles in allem muss dem Kunden deutlich gemacht werden, dass billigere Produkte nach dem Kauf richtig teuer werden können. Typisches Beispiel wäre das Argument, dass die Waschmaschine des Konkurrenzunternehmens zwar billiger ist, dieser Preis aber nur dann realisierbar ist, wenn andere Materialien eingesetzt werden, die einem höheren Verschleiß unterliegen als die in der eigenen Waschmaschine eingesetzten Materialien. Aufgrund dieser schlechteren Qualität wird sich der Kunde zwar für den Moment über den niedrigeren Preis freuen; in wenigen Jahren wird er seine Entscheidung jedoch aufgrund der höheren Reparaturkosten bereuen.

Diese Strategie lässt sich übrigens auch als „Wendepunkt-Strategie" charakterisieren: Irgendwann kommt der Wendepunkt, an dem der Käufer die Nachteile erkennt und den Kauf bereut!

Auf einen Blick

Führt der Kunde die günstigeren Preise der Konkurrenz an, gibt es nur eine Strategie:

→ Informieren Sie sich ausführlich über das Konkurrenzprodukt!

→ Prüfen Sie genau, worin evtl. die Nachteile des Konkurrenzprodukts bestehen könnten!

→ Argumentieren Sie mit dem „Wendepunkt" – d. h. irgendwann wird es den Moment geben, dass die Nachteile überwiegen und der Kunde seine Kaufentscheidung bereut!

Rabatte und Nachlässe – überlegt gewähren

Es gibt also Kunden vom Typ A, die durch die entsprechende Nutzenargumentation überzeugt werden können, oder Kunden vom Typ B, denen die langfristigen Konsequenzen aufgezeigt werden. Es gibt schließlich auch die Kunden vom Typ C, die die Ausgewogenheit zwischen Nutzen und Preis zwar interessiert, die aber primär an Rabatten und Preisnachlässen interessiert sind. Stellt sich dies z. B. im Rahmen der oben genannten Fragen heraus, geht man als guter Verkäufer nicht sofort darauf ein und bietet vorerst keinen günstigeren Preis. Dies könnte dazu führen, dass der ursprünglich genannte Preis wie ein unrealistischer Fantasiepreis wirkt und der Kunde das Gefühl hat, er hätte das Produkt sicherlich noch billiger bekommen können. In Konsequenz verlieren Produkt, Unternehmen und letztlich auch der Verkäufer an Glaubwürdigkeit.

Vermeiden lässt sich dies durch eine überlegte und systematische Argumentationsstrategie:

Welcher Nachlass wird gefordert?
Möchte der Kunde einen Rabatt, sollte er diesen auch möglichst konkret nennen. Ein guter Verkäufer fragt also zunächst den Kunden explizit nach seinen Vorstellungen über den gewünschten Nachlass oder Rabatt. Eine typische Frage wäre hier z. B. „An wie viel Nachlass hatten Sie denn gedacht?". Nennt der Kunde dann eine konkrete Zahl – z. B. 15 % – stimmen Sie als Verkäufer nicht sofort zu, auch wenn Sie an sich damit einverstanden wären. Dies wäre noch zu früh und würde beim Kunden den Verdacht auslösen, dass preislich vielleicht noch mehr herauszuholen ist. Sinnvoller ist es, den Kunden zunächst nach seinen Motiven für genau diese Nachlassvorstellung zu fragen. Möglich ist dies z. B. durch die

Frage: „Wieso gerade 15 %?" Viele sind erstaunt über diese direkte Frage und wissen darauf keine sachliche Antwort. Erkennt der Verkäufer daraufhin, dass der Kunde eigentlich nur einen nicht fundierten Versuch unternommen hat, hat er eine weitaus bessere Verhandlungsposition.

Auf Nachlass- oder Rabattforderungen sollte nicht sofort eingegangen werden – sei es, indem sie pauschal mit „ausgeschlossen", „unmöglich", „geht nicht" oder „geht schon" beantwortet werden. Im Gegenteil – zu einem von Produkt und Preis überzeugten Verkäufer passt es, wenn er die Forderung zunächst näher prüfen und nochmals kalkulieren wird, bevor er auf den Kunden ein weiteres Mal zurückkommt. Denn egal wie die Entscheidung ausfällt – ob der Verkäufer auf die Forderung des Kunden eingeht oder nicht – es klingt in jedem Falle glaubwürdiger, wenn dies nicht ad hoc, sondern zu einem späteren Zeitpunkt erfolgt.

Welcher Nachlass ist realisierbar?

Im Rahmen dieser Prüfung ist zu überlegen, ob und in welcher Weise der Nachlassforderung des Kunden entsprochen werden kann. Dabei spielt natürlich zunächst die Frage eine Rolle, ob das angebotene Produkt zu dem günstigeren Preis auch tatsächlich kalkuliert werden kann. In die Entscheidung fließen aber noch weitere Informationen oder Argumente ein:

- Um welchen Kunden handelt es sich? Ist der Kunde Stammkunde?
- Welche Konditionen – z. B. Boni oder Rabatte – gelten für den Kunden normalerweise?
- Wie sieht die bisherige Umsatzentwicklung aus? Steigend oder fallend?
- Welche Perspektiven hat die Kundenbeziehung in Zukunft? Existieren schon jetzt zukunftsrelevante Abschlüsse?
- Welche Konsequenzen hat ein Nachlass in der Zukunft? Welche Signale werden dadurch dem Kunden gegenüber, aber auch innerhalb der Branche gesendet?
- Welche Faktoren müssen bei der Gewährung eines Nachlasses berücksichtigt werden?

> **Infobox**
>
> Ein häufiges Kriterium für die Frage, ob ein Nachlass gewährt wird oder nicht, ist der Status des entsprechenden Kunden. Viele unterscheiden hier zwischen dem A-, B- und C-Kunden. A-Kunden sind die wichtigsten Kunden, mit denen der primäre Umsatz generiert wird, C-Kunden zählen zu denjenigen Kunden, mit denen ein vergleichsweise geringer Umsatz getätigt wird, und B-Kunden liegen dazwischen. Das Hauptaugenmerk vieler Unternehmen liegt natürlich auf der Pflege und der Betreuung der A-Kunden, denen dann auch eher Nachlässe und Rabatte gewährt werden.

Ziel dieses zweiten Schrittes ist es, zu prüfen, ob vor dem Hintergrund der vorhandenen Informationen überhaupt ein Nachlass gewährt werden kann und welche Konsequenzen dieser Nachlass für den möglichen Geschäftsabschluss und die weitere Kundenbeziehung hat.

Wie lässt sich der Nachlass richtig verpacken?
Zeigt sich nun, dass tatsächlich ein Nachlass gewährt werden kann, bedeutet dies nicht, dass der Verkäufer den Kunden anruft und ihm freudig vermittelt: „Herr Mustermann, gerne gewähren wir Ihnen den geforderten Nachlass von 15 %." Dann würde sich Herr Mustermann nicht nur denken, der ursprüngliche Preis sei unrealistisch gewesen; er würde sich zudem darüber ärgern, dass diese Entscheidung nicht schon beim ersten Gespräch getroffen werden konnte.

Wenn tatsächlich ein Nachlass gewährt wird, muss er begründet bzw. ausgeglichen werden. Weniger Preis bedeutet weniger Leistung – dies muss dem Kunden vermittelt werden, sonst wird man als Verkäufer unglaubwürdig. Möchte der Kunde also einen Preisnachlass von 15 %, muss die Leistung entsprechend reduziert werden. In Bezug auf die Waschmaschine kann dies z. B. zu einer reduzierten Serviceleistung führen. Andere Reduzierungen können sein:

● Andere, vereinfachte Verpackung
● Lieferung in der Nachsaison

- Selbstabholung der Ware
- Wegfall von Wartung
- Verzicht auf Schulung bzw. Einweisung
- Installation durch den Kunden
- Rahmenverträge
- Eigenentsorgung durch den Kunden
- Zahlung mit Vorkasse
- Einschränkung zusätzlicher Leistungen
- Angebot von Waren zweiter Wahl
- Keine Beratung vor Ort

Infobox

Ein wirksames Mittel ist, den gewünschten Nachlass mit der Lieferzeit zu verknüpfen, denn wenn der Bedarf beim Kunden tatsächlich dringend ist, wird er möglicherweise auf den Preisnachlass verzichten.

Auf einen Blick

Lassen Sie sich auf keinen Fall Preisnachlässe vom Kunden diktieren. Denken Sie immer an die einfache kaufmännische Regel: Preise reduzieren – Leistung reduzieren. Oder: „Wer′s billiger möchte, kriegt weniger Leistung." Überlegen Sie sich daher auch, wie Sie den gewünschten Preisnachlass verkaufen können!

3.4 Einwände: Zielorientiert behandeln

Einwände des Kunden werden aber nicht nur den vermittelten Preis betreffen. Viele Einwände werden schon während der Produktvorstellung und -demonstration auftreten.

Typische Beispiele sind:
- „Wir haben schon einen Lieferanten."
- „Wir stellen gerade die Prozesse um."
- „Wir haben uns schon entschieden."
- „Ihre Lösung kommt für uns nicht infrage."
- „Für eine Entscheidung dieser Tragweite haben wir gegenwärtig keine Zeit."
- „Unser Lager ist schon voll."
- „Bei Bedarf melden wir uns."
- „Die von Ihnen signalisierte Qualität entspricht nicht unseren Vorstellungen."
- „Mit diesem Liefertermin sind wir nicht einverstanden."
- „In der augenblicklichen Wirtschaftslage können wir uns keinen derartigen Abschluss erlauben."
- „Tut uns leid, der Preis ist einfach zu hoch."

Ein Kaufabschluss ohne derartige oder andere Einwände des Kunden ist eher die Ausnahme als die Regel. Umso wichtiger ist es für einen guten Verkäufer, zu wissen, wie man mit Einwänden umgeht. Dies betrifft sowohl die richtige Interpretation von Einwänden, das richtige Verhalten bei Einwänden als auch die Kenntnis der wichtigsten Werkzeuge der Behandlung von Einwänden.

Einwände: richtig interpretieren

Der erste Schritt der zielorientierten Behandlung von Einwänden ist vollzogen, wenn Einwände nicht als Gefahr, sondern als Chance interpretiert werden. Kundeneinwände gibt es immer – unabhängig von Produkt, Unternehmen und Branche. Dies liegt nahe, denn ein kritischer und wirklich interessierter Kunde wird sich immer auch Fragen stellen wie „Kann ich dem Verkäufer wirklich vertrauen?" oder „Wie kann ich mir sicher sein, dass die angekündigten Ersparnisvorteile tatsächlich realisiert werden?" oder auch „Wieso behauptet der Verkäufer dies oder jenes – das muss er mir erst einmal beweisen".

Vor diesem Hintergrund ist es also wichtig, Einwände positiv zu sehen, denn sie zeigen, dass aufseiten des Kunden ein gewisses Interesse besteht. Sie helfen außerdem, mögliche Barrieren, die den Verkaufserfolg behindern, rechtzeitig zu erkennen. Für Ihre Arbeit ist es immer besser, der Kunde äußert seine Bedenken, statt sich mit den Worten „Vielen Dank, ich überlege es mir noch einmal" schweigend zurückzuziehen.

Es gibt sie – die Kunden, die schon fast aus Prinzip besonders kritisch gegenüber Verkäufern und deren Produkten sind. An ihnen zu verzweifeln oder aufzugeben, wäre der falsche Weg. Der Konkurrenz gegenüber werden sie ähnlich auftreten. Gelingt es dagegen, diese Skeptiker zu überzeugen, ist man der Konkurrenz gegenüber schon einen Schritt weiter.

Auf einen Blick

Skeptische Einwände sind v. a. bei Neukunden völlig normal und gehören zu jedem guten Verkaufsgespräch. Betrachten Sie sie als Chance: Einwände sind wichtige Gesprächsbeiträge, die helfen, mögliche Barrieren für einen Verkaufserfolg zu erkennen und zu verhindern.

Einwände: souverän behandeln

Betrachtet man Einwände als echte Chance, ist schon viel gewonnen. Jetzt gilt es nur noch, diese souverän zu behandeln und gezielt zu argumentieren, um den Kunden vielleicht doch umstimmen zu können. Wie ist dies möglich?

Zunächst sollte man dem Kunden Zeit geben. Häufig sind Einwände oder ein erstes „Nein" lediglich ein Zeichen dafür, dass der Kunde noch weitere Argumente hören möchte. Möglicherweise hat er sich schon für den Kauf entschieden, möchte seine Entscheidung aber durch weitere Argumente prüfen und festigen. Denken Sie an die Ausführungen zur kognitiven Dissonanz! Sie lässt sich nur durch Argumente reduzieren und diese möchte der Kunde von Ihnen als Verkäufer hören.

Dem Kunden Zeit zu geben für das Vorbringen von Einwänden, ist das eine, ihn dabei auch partnerschaftlich und wertschätzend zu behandeln, ist das andere bei der souveränen Behandlung von Einwänden. Lassen Sie Ihren Kunden ausreden und hören Sie ihm aktiv zu. Auch wenn man weiß oder glaubt zu wissen, welche Einwände der Kunde vorbringen wird, sollte man ihn auf keinen Fall unterbrechen. Im Gegenteil – man sollte ihm das Gefühl geben, dass seine Einwände durchaus ernst zu nehmen sind und dass es sich lohnt, über diese Einwände in Ruhe zu sprechen. Ein lächelndes Wegwischen der Einwände ist dabei genauso wenig produktiv wie ein rechthaberisches Argumentieren, das unter Umständen sogar zu einem Streit führt. Denken Sie daran – einen Streit mit dem Kunden gewinnt immer der Kunde, indem er einfach nicht kauft. Dies ist schade, v. a., wenn man auch an potenzielle Geschäfte in der Zukunft denkt!

Die partnerschaftliche, wertschätzende Behandlung des Kunden und aktives Zuhören und Eingehen auf die Einwände hilft, die Einwände richtig zu erkennen und dann entsprechend zu argumentieren. Noch besser ist es, wenn man sich über diese potenziellen Einwände schon im Vorfeld Gedanken gemacht hat und sich schon entsprechende Gegenargumente überlegt hat. So gesehen beginnt die Vorbereitung auf möglicherweise auftretende Einwände also schon bei der Vorbereitung des Verkaufsgesprächs. Ein guter Verkäufer überlegt sich, welche Einwände auftreten könnten und mit welchen Argumenten und mit welchen Techniken er entsprechend reagieren könnte. Deshalb ist es hilfreich, diese Techniken zu kennen und zu trainieren, um bei Problemen souverän agieren zu können.

Auf einen Blick

Ein souveräner Umgang mit Einwänden bedeutet,

→ dem Kunden Zeit für das Vorbringen seiner Argumente zu geben,
→ den Kunden partnerschaftlich und wertschätzend zu behandeln und ihm aktiv zuzuhören,
→ jeglichen Streit mit dem Kunden zu vermeiden,
→ möglicherweise auftretende Einwände schon im Vorfeld zu überlegen und entsprechende Gegenargumente zu prüfen.

Das Überlegen und Prüfen von Einwänden und entsprechenden Gegenargumenten lässt sich gut anhand einer Tabelle oder einer Matrix durchführen:

Einwand	Gegenargument
Preis zu hoch	Aufzeigen der Qualitätsmerkmale

Ergänzen lässt sich diese Einwand-Entkräftigungs-Tabelle noch durch eine Spalte für mögliche Techniken:

Einwand	Gegenargument	Technik

Einwände: die richtige Technik

Die Frage ist nun, welche Techniken in welchen Situationen sinnvoll sind, denn Einwandtechniken gibt es viele.

Fragen stellen

Einem Einwand kann man zunächst mit dem Stellen von Fragen begegnen, um noch mehr Informationen und Hintergründe zu dem Einwand zu erfahren. Offene Fragen sind in diesem Fall besser, da sich aus den Antworten viel mehr Informationen lesen lassen. Typische Beispiele sind „Wieso?", „Wie meinen Sie das?" oder „Woran liegt das?" Denken Sie an die Fragetechniken aus Abschnitt 3.1!

Einwand vorwegnehmen

Mitunter hilft es auch, den Einwand vorwegzunehmen und ihn selbst auszusprechen, bevor der Kunde ihn anspricht. Beispiel ist „Sie meinen vielleicht, dass der Preis nicht stimmt" oder „Sie überlegen sich jetzt vielleicht gerade, ob dieses Verfahren mit Ihren Prozessen stimmig ist". Machen Sie danach eine kleine Redepause, sodass sich der Kunde äußern kann. Letztlich gibt es zwei Möglichkeiten: Entweder er stimmt zu, fühlt sich dann aber sehr ernst genommen, oder er nennt einen anderen Einwand.

Entkräftigung vorwegnehmen

Eine weitere Möglichkeit wäre, nicht nur den Einwand vorwegzunehmen, sondern auch das Entkräftigungsargument. Beispiel wäre „Sie werden sich jetzt sicherlich fragen, warum der Preis so hoch ist. Das ist verständlich, da Sie noch nicht die eigentlichen Qualitätsmerkmale kennen, die dieses Produkt auszeichnen und damit auch einen höheren Preis rechtfertigen. Zu diesen Qualitätsmerkmalen zählen ..."

Noch bevor der Kunde den Einwand erwähnt oder ihn zur Diskussion stellt, ist er dann schon entkräftet. Noch besser ist es natürlich, wenn dies gelingt, bevor sich der Kunde den Einwand überhaupt überlegt.

Einwand zurückstellen

Kein Kunde wird darüber böse sein, wenn der Einwand zurückgestellt wird; diese Methode hat sich in der Praxis bewährt. Wenn der Einwand später behandelt wird, hat der Kunde schon die Vorzüge erkannt und der Einwand ist dadurch abgeschwächt. Beispiel: Ein Kunde sagt: „Ist das nicht sehr teuer – wie hoch ist denn der Preis?" Wenn Sie dann den Preis sofort nennen, besteht die Gefahr, dass sofort ein weiteres Gegenargument, wie z. B. „Das kann die Konkurrenz aber günstiger herstellen", kommt und Sie als Verkäufer in den Rechtfertigungszwang kommen. Besser ist eine Antwort wie „Erlauben Sie mir, dass ich Ihnen zunächst einmal einige wesentliche Vorteile aufzeige?" oder „Darf ich Ihre Frage für einen Moment zurückstellen? Ich komme gleich darauf zurück".

Gegenfrage stellen

Mitunter werden auch Gegenfragen gestellt, um Einwänden zu begegnen. Sie haben zwei Effekte: Zum einen wird der Kunde auf einen möglicherweise unzutreffenden Ausgangspunkt seines Einwandes hingewiesen; zum anderen gewinnt der Verkäufer Zeit, um zusätzliche Informationen vom Kunden über den Hintergrund seines Einwandes zu erhalten.

Lautet der Einwand des Kunden beispielsweise, er wolle die Preisentwicklung zunächst einmal abwarten, könnte eine passende Gegenfrage lauten: „Sehen Sie zurzeit Anhaltspunkte für eine positive Veränderung der Preise?" Der Kunde wird entweder erkennen, dass sein Einwand eher ein Scheinargument war, oder er wird sich fundiert zur Preisentwicklung äußern, sodass der Verkäufer weitere Informationen über seine diesbezüglichen Sorgen erhält.

Einwand als Bumerang

Am elegantesten ist es natürlich, einen Einwand nicht nur zu entkräften, sondern ihn zu einem Vorteil für das Produkt werden zu lassen. Dies gelingt am besten durch ein „Gerade weil ...". Argumentiert der Kunde z. B. „Dieses System lässt sich bei uns kaum einsetzen, da die Prozesse noch dem alten Standard entsprechen" argumentiert der Verkäufer „Gerade weil bei Ihnen die Prozesse noch dem alten Standard entsprechen, lässt sich das System gut einsetzen, da es dadurch gelingt, den alten Standard zu verändern und zu verbessern". Mit dieser Gerade-weil-Technik lassen sich sehr viel mehr Einwände entkräften und in eine positive Richtung lenken, als man zunächst glaubt.

Referenzen nennen

Einwände lassen sich auch dadurch entkräften, dass man andere Kunden zitiert, die schon einmal ähnliche Einwände hatten, sich dann aber doch überzeugen ließen. Besonders wirksam sind dabei Referenzen derjenigen Personen, zu denen der Kunde eine direkte Beziehung hat. Überzeugen wird somit nicht die Firmenadresse, sondern die Person, die dort mit Ihrer Leistung zufrieden ist.

> **Machen Sie andere Personen im Unternehmen des Kunden zu Ihren Verbündeten. Wenn Ihnen z. B. der Techniker oder der Außendienstmitarbeiter zugestimmt hat, zitieren Sie ihn. Allerdings sollte dies immer diplomatisch erfolgen: „In den Augen Ihres verantwortlichen Produktmanagers erscheint dies eine effiziente Lösung zu sein. Aber ich weiß natürlich, dass nicht er, sondern Sie entscheiden."**

Scheinargumente überhören

Manche Einwände sind wohl eher eine Ausrede als ein tatsächlicher Einwand. Typisches Beispiel sind „keine Zeit" oder „kein Geld". Derartige Argumente verschleiern oft nur den eigentlichen Einwand. Geht man darauf ein, ist ein Verkaufsgespräch schnell beendet. Besser ist es, das Scheinargument zu „überhören". Dies bedeutet aber nicht, am Kunden vorbeizuschauen und sich passiv zu verhalten. Besser ist es, in den Unterlagen zu blättern, etwas zu notieren, am Flipchart eine Zeichnung zu machen etc., um damit den Eindruck zu erwecken, dass man das eben Gesagte tatsächlich überhört hat.

> **Infobox**
>
> **Achtung! Äußert der Kunde das Scheinargument ein weiteres Mal, sollte man nicht länger weghören. Dann ist es sinnvoll, als Einwandtechnik Hypothesen zu entwickeln.**

Hypothesen entwickeln

Scheinargumente oder skeptische Fragen lassen sich womöglich in Hypothesen oder Scheinannahmen verwandeln. Typische Beispiele sind Aussagen wie „Angenommen, wir würden den Preis senken, würden Sie dann zustimmen?" oder „Gesetzt den Fall, wir könnten zu diesem Termin liefern, würden Sie dann bestellen?". Der Vorteil liegt auf der Hand: Entweder stellt sich heraus, dass der Kunde keinen anderen Einwand mehr hat – dann haben Sie als Verkäufer schon gewonnen. Oder aber der Kunde gibt den echten Einwand zu, den Sie als Verkäufer dann entsprechend behandeln können.

Nutzenargumentation in den Vordergrund stellen

Mitunter fühlen sich Verkäufer von kritischen Kunden und ihren Einwänden mehr oder weniger in die Ecke gedrängt und argumentieren dann nervös und oberflächlich. Dies ist letztlich kontraproduktiv. Sinnvoller ist es, einen Einwand mit Fakten und den bekannten Nutzenargumenten zu entkräften. Dies bedeutet aber nicht, die vielleicht schon erwähnten Nutzenargumente nochmals aufzuzählen. Dies bedeutet vielmehr, sich auf das eine, wesentliche Argument des Produktes zu konzentrieren und dies nochmals in den Vordergrund zu stellen. Denken Sie in diesem Zusammenhang an die Ausführungen zum Alleinstellungsmerkmal oder auch USP.

> **Haben Sie den Eindruck, mit dem aus Ihrer Sicht schlagenden Nutzenargument kommen Sie bei Ihrem Kunden nicht weiter? Dann überlegen Sie sich schon im Vorfeld, mit welchen weiteren Nutzenargumenten Sie potenziellen Einwänden begegnen könnten. Prüfen Sie in diesem Zusammenhang unbedingt auch die Serviceleistungen Ihres Unternehmens. Oft ergeben sich gerade hier vielfältige Spielräume für einen konkreten Nutzen für den Kunden, durch die Sie sich auch von der Konkurrenz abheben können.**

Plus-Minus-Methode

Möglicherweise hilft es auch, diese Methode schriftlich anzuwenden und auf einem Blatt oder einem Flipchart eine Tabelle mit Plus- und Minus-Argumenten anzufertigen. Auf die linke Seite kommen dabei die Einwände, auf die rechte Seite die Plus-Argumente bzw. die Nutzenargumente:

Minus	Plus
Preis	früherer Liefertermin Frei-Haus-Lieferung kostenlose Einführung längere Garantiezeit

Wenig Sinn macht es allerdings, sich vor den Kunden zu stellen und die Argumente mehr oder weniger auswendig aufzuzählen. Sinnvoller ist es, den Kunden einzubinden und diese Liste gemeinsam mit dem Kunden zu er-

Infobox

Sie möchten auf diese Methode zurückgreifen? Dann prüfen Sie, welche objektiven und sachlichen Informationen, z. B. aus der Fachpresse oder von Referenz-Kunden, zur Verfügung stehen, die Sie nutzen könnten. Je besser und fundierter die Argumente, desto eher ist der Kunde überzeugt. Hilfreich ist es mitunter auch, den Kunden in das Unternehmen einzuladen, ihm eine Werksführung anzubieten oder mit ihm einen Referenzkunden aufzusuchen. Von solchen sachlich-fundierten Argumeten lassen sich viele Kunden letztlich umstimmen.

arbeiten. Dabei kann man auch immer wieder konkret beim Kunden nachfragen: „Wie sehen Sie das?", „Können Sie dies so akzeptieren?", „Ist dies aus Ihrer Sicht nachvollziehbar?"

Gekonnt gegendarstellen

Viele Verkäufer verwenden – ohne darüber groß nachzudenken – die „Ja-aber-Methode". Durch dieses „Ja, aber ..." besteht jedoch die Gefahr, dass sich der Kunde ins Unrecht gesetzt fühlt, denn durch das „Ja" wird zwar die Aussage prinzipiell akzeptiert, durch das „aber" gleichzeitig jedoch dementiert. Dies ist unklug, denn die meisten Kunden sind von ihren Ansichten normalerweise überzeugt und lassen sich ungern widersprechen. Besser und möglicherweise zielführender ist daher eine Formulierung wie „Ja ... und sicherlich", denn sie akzeptiert das Vorhergesagte scheinbar ohne jegliche Einschränkung. Dadurch gelingt es, Vertrauen zum Kunden aufzubauen. Ähnlich wirksam wie das Wörtchen „Ja" sind auch Worte wie „gut", „o.k.", „richtig", „einverstanden", „stimmt", oder „Sie haben recht". Statt dem Wörtchen „aber" kann man dann Worte wie „andererseits", „jedoch", „nur" oder „allerdings" verwenden. Ein Beispiel hierzu wäre „Stimmt, Herr Müller, die Konkurrenz macht hier ein verlockendes Angebot, andererseits bieten wir Vorteile, die die Konkurrenz so nicht bietet" oder auch „Ich gebe Ihnen recht hinsichtlich Ihrer Bedenken, jedoch bietet Ihnen unser Service hohe Sicherheit".

Auf einen Blick

Um Einwänden zielorientiert zu begegnen, existiert eine Vielzahl von Techniken. Prüfen Sie schon im Vorfeld, welche Technik in welchen Situationen sinnvoll erscheint, und üben Sie diese Techniken – es lohnt sich! Zu den wichtigsten Techniken zählen:

→ Fragen stellen

→ Einwand vorwegnehmen

→ Entkräftigung vorwegnehmen

→ Einwand zurückstellen

→ Gegenfrage stellen

→ Einwand als Bumerang

→ Referenzen nennen

→ Scheinargumente überhören

→ Hypothesen entwickeln

→ Nutzenargumentation in den Vordergrund stellen

→ Plus-Minus-Methode

→ Gekonnt gegendarstellen

4. Abschlussphase: Überwinden der letzten Schwelle

Das Produkt ist noch nicht verkauft, wenn es gut präsentiert wurde, der Preis anscheinend akzeptiert wurde und die Einwände zum Großteil entkräftet werden konnten. Das Produkt ist erst dann verkauft, wenn das Verkaufsgespräch zu einem erfolgreichen Abschluss kommt. Diesen Abschluss fürchten viele Verkäufer, da es nicht immer gelingt, den Käufer systematisch zum Abschluss hinzuleiten. Ohne Abschluss ist aber möglicherweise die ganze Vorarbeit umsonst gewesen. Ein guter Verkäufer macht sich deshalb schon im Vorfeld Gedanken darüber, wie er die Abschlussphase systematisch einleiten und gestalten kann. Hierzu sollte er nicht nur die wichtigsten Abschlusssignale (4.1) und Abschlusstechniken (4.2) kennen; er sollte auch immer an Anschlussverkäufe denken (4.3) und wissen, was er bei der Verabschiedung beachten muss (4.4).

4.1 Abschlusssignale: Rechtzeitig erkennen

Abschlusssignale lassen sich primär aus dem Verhalten und/oder den sprachlichen Äußerungen des Kunden erkennen. Zu typischen Signalen im Verhalten, die auf eine grundsätzliche Aufgabe von Kaufwiderständen und damit eine entstehende Kaufbereitschaft deuten, gehören:

- Haltungswechsel, indem der Kunde dem Verkäufer entgegenkommt oder sogar die Distanzzone durchbricht,
- Kopfkratzen, Kinn-, Nasen- oder Stirnreiben,
- Ergreifen des Produkts oder des Prospektes.

Zu den typischen sprachlichen Signalen, die auf eine Kaufbereitschaft deuten, zählen:

- Erkundigungen über Einzelheiten wie v. a. Details zur Kaufabwicklung (Lieferfrist, Zahlungsweise, Service u. Ä.),
- zustimmende Äußerungen wie z. B. „Das klingt wirklich nicht schlecht",
- Nennung weiterer Vorteile wie „Für uns hätte das noch weitere Vorteile, die ich erst jetzt so richtig erkenne",
- Äußerungen, die einen Kauf schon unterstellen, wie z. B. „Dann könnte ich ja ..." oder „Dies könnten wir dann schon in den nächsten Prospekt aufnehmen ...",
- sprachliche Veränderungen wie ein Wechsel von einer nüchtern-ernsten Gesprächsführung hin zu einer humorvollen.

All diese und sicherlich noch weitere Zeichen stellen zwar noch keine Garantie dafür dar, dass Ihr Kunde das

Produkt tatsächlich kauft; sie stellen aber doch ganz gute Hinweise dar, die Ihnen als Verkäufer zeigen, wann die Zeit für einen Abschluss möglicherweise gekommen ist und wann Sie besonders aufmerksam sein sollten.

4.2 Abschlusstechniken: Gezielt einsetzen

Auch wenn das Verhalten des Käufers ein konkreter Hinweis für eine existierende Kaufbereitschaft ist – das Produkt ist noch nicht gekauft. Gerade in dieser Phase muss ein guter Verkäufer jetzt sehr umsichtig sein. Falsch wären jetzt beispielsweise folgende Verhaltensweisen, die eher Abschlusskiller darstellen:

Zu früh zum Abschluss kommen
Kommen Sie nie zu früh zum Abschluss – z. B. mit Aussagen wie „Kann ich den Auftrag so notieren?" oder „Dann notiere ich schon mal, dass Sie konkretes Interesse an ... haben". Der Kunde fühlt sich sofort bedrängt und wird sich möglicherweise anders entscheiden.

Druck ausüben
Üben Sie keinen Druck aus durch Aussagen wie z. B. „Im nächsten Monat erhöhen wir die Preise, daher sollten Sie jetzt ..." oder auch „Unsere Lieferung ist nur noch diesen Monat kostenlos, daher würde ich an Ihrer Stelle

jetzt zuschlagen". Auch hier fühlt sich der Kunde eher bedrängt und wird seine schon gefällte Kaufentscheidung möglicherweise revidieren.

Argumente schon bekannt

Häufig ist es ein einziges Argument, das den Kunden überzeugt, und dieses Argument kommt oft zum Schluss. Daher wäre es nachteilig, wenn alle Argumente schon gesagt sind. Besser ist es, ein Argument für die Abschlussphase zurückzuhalten, um damit punkten und den Käufer letztlich überzeugen zu können.

Nicht zu sicher fühlen

Fühlen Sie sich nicht zu sicher aufgrund des bisherigen Verlaufs des Verkaufsgesprächs oder auch, weil es sich um einen Stammkunden handelt. Das vorhandene oder auch während des Verkaufsgesprächs aufgebaute Vertrauen darauf, dass der Kunde sich schon positiv entscheiden wird, genügt nicht unbedingt.

Zu große Menge oder Umfang vorschlagen

Schlagen Sie nicht selbst eine bestimmte Abnahmemenge oder einen konkreten Leistungsumfang vor. Der Kunde fühlt sich dann möglicherweise bedrängt und wird das Gefühl haben, ihm wird seine Entscheidungsgewalt genommen. Ärgert er sich daraufhin, erhalten Sie möglicherweise nur einen Kleinauftrag. Dies wird v. a. dann der Fall sein, wenn dem Kunden die vorgeschlagene

Menge oder der vorgeschlagene Umfang zu hoch erscheint.

Um das Verkaufsgespräch zu einem erfolgreichen Abschluss zu bringen, kann der Verkäufer nun auf andere, Erfolg versprechende Methoden zurückgreifen. Zu ihnen zählen:

Teilentscheidungen herbeiführen

Hier setzt der Verkäufer bei eher nebensächlichen Teilaspekten oder Teilkomponenten des Produkts an und versucht, in diesen Bereichen Teilentscheidungen herbeizuführen. Ziel ist es, dadurch die Entscheidungshemmung beim Kunden zu lösen und den Kunden in eine Art Zustimmungsrhythmus zu bringen, an dessen Ende er das „Ja" zur kaufentscheidenden Frage möglicherweise gar nicht mehr auszusprechen braucht, da es sich schlüssig aus der vorhergehenden Zustimmung zu Teilbereichen ableitet. Typisches Beispiel ist der Verkäufer eines Pkws, der den Käufer mit folgenden Fragen zu Teilentscheidungen motiviert:

- „Ihr jetziger Wagen ist für Ihre Familie zu klein geworden?"
- „Sie möchten ihn in Zahlung geben, oder?"
- „Dieser Wagen ist für Ihre Familie groß genug?"
- „Die integrierten Kindersitze sind für Sie wichtig, oder?"
- „In Bezug auf die Farbe gefällt Ihnen dieses Rot am besten?"

- „Radio und CD-Spieler möchten Sie gleich mitgeliefert haben?"
- „Den Skontoabzug werden Sie doch sicherlich für sich nutzen?"
- „Sie sind bereit, den Wagen direkt vom Werk abzuholen?"
- „Das Grundmodell mit den wenigen Ergänzungen entspricht offenbar genau Ihren Vorstellungen, oder? Möchten Sie diesen Wagen haben?"

> **Infobox**
>
> In der Praxis wird immer wieder betont, dass vier Fragen vor der entscheidenden Abschlussfrage ausreichen, dem Kunden insgesamt also fünf Fragen gestellt werden sollen. Entscheidend ist natürlich, dass die Kunden diese Fragen mit hoher Wahrscheinlichkeit auch mit einem „Ja" beantworten. Ein guter Verkäufer eruiert somit schon während der vorherigen Gesprächsphase, auf welche Fragen der Kunde wohl mit einem „Ja" antworten wird.

Alternativtechnik

Hier werden dem Kunden durch eine Frage zwei Alternativen zur Entscheidung vorgegeben. Typisches Beispiel ist – wiederum beim Pkw-Verkauf: „Sagt Ihnen die Standard- oder die Family-Ausführung mehr zu?" oder auch „Gefällt Ihnen das gelbe oder das sandfarbene Modell besser?" Durch derartige Alternativfragen wird gar nicht zur Diskussion gestellt, ob der Kunde überhaupt kaufen möchte; der Verkäufer fragt nur nach Einzelheiten des Kaufs, d. h. nach dem „wie" des Kaufs. Dadurch wird zwar dem Kunden der unmittelbare Entscheidungsdruck genommen; er hat aber dennoch das Gefühl, er entscheide selbstbestimmt.

> **Infobox**
>
> **Denken Sie bei der Formulierung von Alternativfragen daran: Diejenige Alternative, die als letzte genannt wird, wird meistens vom Kunden gewählt.**

Taktik der falschen Wahl

Hier provoziert der Verkäufer den Kunden absichtlich, indem er bewusst etwas vorschlägt oder fragt, was für den Kunden nicht infrage kommt. So fragt der Käufer beispielsweise beim Pkw-Verkauf den Kunden „Sie möchten den Wagen mit Klimaanlage?", obwohl sich der Kunde im Vorfeld deutlich geäußert hat, dass für ihn eine Klimaanlage nicht infrage kommt. Der Kunde wird spontan entgegnen: „Nein, Klimaanlage kommt nicht in Betracht." Der Verkäufer kann diesen Einwand sofort bestätigen und lobend, z. B. wie folgt, aufnehmen: „Da haben Sie vollkommen recht. Wann brauchen wir in unserer Region eine Klimaanlage? Im Grunde bringt sie nur höhere Kosten und einen höheren Benzinverbrauch. Ihre

Entscheidung, einen Wagen ohne Klimaanlage zu kaufen, kann ich nachvollziehen."

Das Positive an dieser Technik ist, dass sie für den Verkäufer weitgehend risikofrei ist. Denn wenn der Kunde beispielsweise obige Frage nach der Klimaanlage wider Erwarten mit einem „Ja" antwortet, kann der Verkäufer diese Antwort sofort positiv aufnehmen und argumentieren: „Das ist eine gute Entscheidung von Ihnen, v. a., wenn man an den letzten Sommer denkt. Wenn ich Sie richtig verstanden habe, legen Sie neben der Klimaanlage auch noch Wert auf ..."

Taktik der Übertreibung

Auch bei dieser Methode wird versucht, den Kunden so zu provozieren, dass der Abschluss anschließend leichter erfolgen kann. Grundprinzip ist es, Unmögliches vorzuschlagen, damit Mögliches dann zugestanden wird. So fragt der Verkäufer beispielsweise „Möchten Sie 50 oder 70 Einheiten?" obwohl im Vorgespräch klar geworden war, dass der Käufer wahrscheinlich schon mit 30 Einheiten eingedeckt wäre. Auch hier wird der Kunde mit einer spontanen Reaktion antworten, z. B. „Nein, nicht so viele – 30 Einheiten würden mir schon reichen". Für den Verkäufer ist es dann leicht, hier in konkrete Verhandlungen über den Verkauf der 30 Einheiten einzusteigen: „Gut, Herr Müller – dann nehmen wir 30 Einheiten."

Taktik der Gelegenheit

Hier konzentriert sich der Verkäufer darauf, die Nachteile zu verdeutlichen, die dem Kunden aus dem Kaufverzicht entstehen. Typische Formulierungen sind „Eine so gute Gelegenheit wird Ihnen kein zweites Mal geboten" oder „So günstig werden wir dieses Angebot nicht noch einmal anbieten können" oder auch „Wie Sie gesehen haben, verlieren Sie jeden Tag ohne dieses Aggregat 50 €".

Ein schlagendes Argument, das ebenfalls dieser Taktik entspricht, kennt jeder, der schon einmal mit der Vermietung oder auch dem Verkauf von Immobilien oder Gebrauchtwagen zu tun hatte: der Hinweis auf die angeblich so vielen existierenden oder nicht existierenden weiteren ernsthaften Interessenten.

Taktik der vollzogenen Tatsachen

Hier beginnt der Verkäufer mit Handlungen, die dem Kunden einfach unterstellen, er habe seine Zusage bereits gegeben. So fängt er z. B. an, das Auftragsformular oder den Kassenzettel auszufüllen, oder er beginnt, die wichtigsten Daten in sein Notebook einzutippen. Je länger er diese Tätigkeit durchführt, ohne dass der Kunde sich dagegen wehrt, desto schwieriger wird es für den Kunden sein, noch einen Rückzieher zu machen. Diese

Taktik kann allerdings auch den gegenteiligen Effekt haben – der Kunde ist verärgert und lehnt einen Kauf entschieden ab. Möglicherweise bricht er sogar das Verkaufsgespräch sofort ab und bittet den Verkäufer zu gehen. Bei dieser Methode ist also höchste Vorsicht geboten!

Auf einen Blick

Werden beim Kunden Abschlusssignale erkannt, ist ein systematisches Hinführen auf den Abschluss und den Verkauf erforderlich. Hilfreich ist dabei,

→ Teilentscheidungen herbeizuführen,
→ Alternativfragen zum „wie" des Verkaufs zu stellen,
→ bewusst eine falsche Wahl vorzuschlagen,
→ bewusst zu übertreiben,
→ auf die Nachteile eines Nichtkaufes hinzuweisen,
→ mit Handlungen zu beginnen, die eine Zusage seitens des Käufers unterstellen.
→ Halten Sie sich bei der Gestaltung des Abschlusses außerdem immer die typischen Abschlusskiller vor Augen!

4.3 Abschluss erweitern: An Anschlussverkäufe denken

Ist es gelungen, das Produkt oder die Leistung zu verkaufen? Herzlichen Glückwunsch. Allerdings ist das Verkaufsgespräch an dieser Stelle noch nicht beendet. Ein Verkäufer sollte sich jetzt nicht entspannt zurücklehnen und sichtbar nur an seine Verkaufsprovision denken. Nicht sinnvoll sind auch Phrasen wie z. B. „Na – dann hätten wir es wieder mal geschafft" oder „Das wär´s dann ja wohl – auf Wiedersehen" oder auch „Heute brauchen Sie dann ja wohl nichts mehr, oder?". Derartige Äußerungen verärgern den Kunden und führen im Extremfall dazu, dass das gerade aufgebaute Vertrauen sofort wieder zunichte gemacht wird. Selbst vom Kunden geplante Zusatzkäufe oder Anschlusskäufe werden dadurch sofort infrage gestellt.

Jeder Verkäufer weiß, wie schwierig es ist, einen Kunden zu gewinnen. Diesen dann durch derartige Äußerungen zu verärgern, führt letztlich dazu, dass es sich eher um einen kurzfristigen, einmaligen Kundenkontakt als um eine langfristige Kundenbeziehung handeln wird. Sinnvoller ist es daher, zum einen zu überlegen, welche Ergänzungsleistungen oder -produkte für den Kunden von Interesse sein könnten. Zum anderen empfängt ein guter Verkäufer schon während des Verkaufsgesprächs Signale, die zeigen, welche Probleme der Kunde hat. Diese Signale kann er jetzt aufgreifen und dem Kunden andeuten, wie bestimmte Produkte und Leistungen helfen könnten, diese Probleme in den Griff zu bekommen. Unabhängig davon, ob es sich um sinnvolle Ergänzungsleistungen oder ganz neue Produkte oder Leistungen handelt – wichtig ist, dass der Verkäufer aus der Sicht des Kunden argumentiert. Außerdem darf er sich nicht aufdrängen oder das Gefühl vermitteln, er möchte das Verkaufsgespräch gleich weiterführen, indem er es auf ein neues Produkt lenkt. Er sollte sich aber darum bemühen, den zum Kunden aufgebauten Kontakt zu festigen und das darüber gewonnene Vertrauen zu vertiefen. Dies gelingt, wenn der Verkäufer dem Kunden auch am Schluss

Auf einen Blick

Kunden zu verärgern, ist einfach – neue Kunden zu gewinnen, ist schwierig. Sehen Sie gelungene Geschäftsabschlüsse daher nicht als einmalige Erfolge, sondern überlegen Sie, wie es gelingt, den Kontakt und das Vertrauen zum Kunden zu verbessern und zu intensivieren. Prüfen Sie daher schon während des Verkaufsgesprächs, welche Ergänzungs- oder Zusatzleistungen Ihrem Kunden tatsächlich Nutzen bieten könnten.

das Gefühl vermittelt, dass er ihn ernst nimmt, seine Probleme erkennt und sich schon Gedanken über mögliche Lösungsansätze gemacht hat. Denn selbst, wenn der Kunde jetzt kein Interesse an einem unmittelbaren Anschlusskauf hat, werden die vom Verkäufer gegebenen Hinweise zu einem späteren Zeitpunkt zur erneuten Kontaktaufnahme führen.

4.4 Abschlussphase: Dissonanzen abbauen

Mit der Verabschiedung enden die Beobachtungs- und Einflussmöglichkeiten des Verkäufers. Der Kunde verlässt die ihm wohlwollende und positive Atmosphäre, die vom Verkäufer geschaffen und gepflegt wurde. Dieses Hinüberwechseln aus der Verkaufsatmosphäre in die Normalatmosphäre birgt Risiken, wenn beim Käufer Selbstzweifel auftreten oder sein Umfeld ihn kritisiert. Typisches Beispiel ist der Käufer des neuen Wagens, der euphorisch nach Hause kommt, seine Familie über die Neuanschaffung informiert und dort auf große Kritik stößt. Infolge dieser Kritik treten kognitive Dissonanzen auf. Sie können im Extremfall nicht nur zu einem zeitnahen Rücktritt vom Vertrag führen, sie können auch die weiteren Beziehungen zwischen Käufer und Verkäufer bis zum Abbruch der Geschäftsbeziehungen belasten. Sie können aber auch dem Verkäufer die Kontakte zu anderen Kunden beträchtlich erschweren. Werden nach dem Kauf auftretende Dissonanzen nicht rechtzeitig aufgefangen, können sie eine negative Mund-zu-Mund-Werbung seitens des enttäuschten Käufers auslösen. Psychologisch ist das nachvollziehbar: Der durch die Kritik im Umfeld enttäuschte Kunde versucht, sich dadurch zu entlasten, dass er dem Verkäufer die Schuld am Fehlkauf anlastet.

> **Infobox**
>
> **Kognitive Dissonanzen treten dann auf, wenn der Kunde nach dem Kauf diesen infrage stellt. Strategien zum Abbau sind beispielsweise das nachträgliche Einholen rationaler Argumente, die nachträgliche Absicherung des Kaufes bei Freunden oder Bekannten oder auch das nachträgliche Herausstellen der wesentlichen Vorteile des Produkts oder der Leistung.**

Das Risiko auftretender kognitiver Dissonanzen lässt sich nicht ganz vermeiden. Ein guter Verkäufer wappnet sich jedoch dagegen und versucht, in der allerletzten Phase des Verkaufsgesprächs noch bestehende oder möglicherweise anschließend auftretende Zweifel beim Kunden auszuräumen und den Kunden in der getroffenen Entscheidung nochmals zu bestärken. Dies wird beispielsweise dadurch möglich, dass der Verkäufer nochmals die Richtigkeit der Wahl bestärkt und ihn für seine

Entscheidung lobt. Typische Äußerungen in diese Richtung sind beispielsweise „Hier haben Sie wirklich eine ausgezeichnete Wahl getroffen" oder auch "Die Referenzkunden zeigen ja, dass Sie sich hier richtig entschieden haben" oder „Sie waren ein guter und kritischer Verhandlungspartner und haben jetzt wirklich das Optimum herausgeholt".

Auch empfiehlt es sich, abschließend noch einmal die wesentlichen Argumente zusammenzufassen und dem Kunden möglicherweise auch Argumentationsansätze zu liefern, die er bei einer eventuell erforderlichen Rechtfertigung in seinem Umfeld nutzen kann. Solche Rechtfertigungen können lauten „Die Erstanschaffung scheint preislich sehr hoch zu sein, aber durch den geringen Verbrauch werden Sie auf lange Sicht profitieren" oder „Das Volumen der Waschmaschine fiel größer aus, ist aber für Ihren Haushalt die bessere Lösung" oder „Die höhere Abnahme ermöglicht Ihnen einen größeren Spielraum und flexibles Reagieren".

Auch wenn sich die Gefahr kognitiver Dissonanzen durch derartige Äußerungen tatsächlich vermindern lassen, ganz ausschließen lassen sie sich immer noch nicht. Daher sollte der Verkäufer dem Kunden seine Hilfe auch für die Phase nach dem Kauf anbieten – z. B. durch eine Äußerung wie „Sollten wider Erwarten irgendwelche Fragen oder Schwierigkeiten auftreten, zögern Sie nicht,

mich zu kontaktieren. Sie wissen, ich bin immer für Sie
da und helfen Ihnen gerne weiter!" Auch wenn der Kunde darauf nicht zurückgreift, wird ihm schon die Äußerung an sich ein Gefühl der Sicherheit geben und helfen,
kognitive Dissonanzen abzubauen. Welcher Verkäufer
würde ihm schon freiwillig Hilfe anbieten, wenn er ihn
davor falsch beraten hat?

> **Infobox**
>
> **Weil viele Kunden aus Zurückhaltung oder aus
> Bequemlichkeit auf ein Hilfsangebot nicht zurück-
> greifen werden, ist es ratsam, von sich aus beim
> Kunden Rückfragen vorzusehen. Ein professionel-
> ler Verkäufer vergewissert sich nach einem ange-
> messenen Abstand selbst beim Kunden, ob dieser
> mit dem erworbenen Produkt zufrieden ist.**

Kommt es dann im Verkaufsgespräch zur eigentlichen
Verabschiedung, sollte sich der Verkäufer darüber im
Klaren sein, dass nicht nur der erste, sondern auch der
letzte Eindruck von besonderer Bedeutung ist, denn der
letzte Eindruck wirkt nach. In Konsequenz ist es wichtig,
dass der Verkäufer seine Rolle bis zum letzten Moment
durchhält und sich beim Käufer für das konstruktive und
offene Gespräch bedankt. Dies gilt übrigens auch dann,
wenn sich der Käufer (noch) nicht zum Kauf entschlie-
ßen konnte. Gerade dann ist es wichtig, sich freundlich
zu verabschieden und Verständnis für den gegenwärti-

gen Nichtkauf zu zeigen – auch wenn es schwerfällt. Eine freundliche Verabschiedung behalten Kunden in Erinnerung und werden diesen Verkäufer bei der nächsten Gelegenheit dann eher berücksichtigen. Somit ist das Ziel, Kunden zu gewinnen und auch längerfristig zu binden, noch immer erreichbar.

Auf einen Blick

Kann der Verkäufer auftretende Dissonanzen beim Kunden schon im Vorfeld auffangen oder den Kunden durch vorbeugende Maßnahmen auch nach dem Kauf zufriedenstellen, wird sich der Kunde gerne an den Verkäufer erinnern und ihn weiterempfehlen. Gestalten Sie die abschließende Phase des Verkaufsgesprächs so, dass

→ Dissonanzen abgebaut werden, indem die wichtigsten Argumente zusammengefasst werden,

→ der Kunde Hilfe bei der evtl. erforderlichen Rechtfertigung seines Kaufs erhält, indem Sie ihm konkrete Hilfe anbieten und Argumentationshilfen mitgeben,

→ der Kunde das Gefühl hat, freundlich und verständnisvoll behandelt worden zu sein.

5. Nachbereitung: Was lässt sich daraus lernen?

Unabhängig davon, welche Verkaufssituation zugrunde liegt – ob man als Verkäufer den Kunden besucht oder dieser zum Verkäufer kommt – jedes Verkaufsgespräch ist aufwendig. Es muss vorbereitet werden, die Probleme des Kunden müssen im Vorfeld erfasst werden, die Präsentation des Produkts muss überlegt und vorbereitet werden, die Preisargumentation muss stimmen, Einwände und Gegenargumente sollten im Vorfeld überlegt werden – all das ist sehr wichtig und kostet Zeit.

Aber: Mit der guten Vorbereitung eines Verkaufsgesprächs ist ein großer Schritt getan. Ähnliches gilt allerdings auch für die Nachbereitung bzw. die Auswertung des Verkaufsgesprächs. Sie ist genauso wichtig, denn letztlich besteht ja auch ein Ziel darin, zu lernen und die Effektivität bei den durchgeführten Verkaufsgesprächen zu erhöhen. Ein professioneller Verkäufer fängt schon beim Verkaufsgespräch selbst mit der Nachbereitung an.

Hierfür sollte er Ziel und Vorgehen (5.1) sowie die nächsten Schritte (5.2) kennen. Besonders wichtig ist die Nacharbeit jedoch dann, wenn das Verkaufsgespräch nicht zum erfolgreichen Abschluss gelangt ist und der Auftrag verloren gegangen ist (5.3).

5.1 Nachbereitung: Ziel und Vorgehen

Die Situation ist alltäglich: Das Verkaufsgespräch verlief positiv, der Käufer hat den Konditionen zugestimmt und unterschrieben; der Verkäufer kommt zurück in sein Büro, leitet alles in die Wege, damit der Käufer sein Produkt auch zu den vereinbarten Konditionen erhält und findet eine Menge liegen gebliebener Arbeit vor. Dieser Rückstand muss schnell aufgearbeitet werden; für eine Nachbereitung des erfolgreich verlaufenen Verkaufsgesprächs bleibt einfach keine Zeit mehr. Die Folge? Wenn überhaupt, wird erst Wochen später ausgewertet – viel zu spät, um sich noch an Details zu erinnern und aus dem Verkaufsgespräch tatsächlich lernen zu können. Oder der Verkäufer denkt sich, das Verkaufsgespräch muss nicht noch aufwendig nachbereitet werden, da er noch alles im Kopf behalten kann. Die vorhandenen Unterlagen oder Notizen helfen dann auch nicht mehr weiter.

Derartige Szenarien sind leider realistisch, aber unprofessionell und letztlich ineffizient und somit erfolgsmindernd. Denn jeder erfolgreiche Verkäufer weiß aus eigener Erfahrung, dass

● Gespräche, die nicht nachbereitet werden, selten nachgefasst werden,

- ein Kundenkontakt, der nicht nachbearbeitet wurde, selten zu einem weiteren Kontakt führt,
- Erfahrungen während eines Verkaufsgesprächs eine wertvolle Hilfe für nachfolgende Gespräche sein können – wenn sie systematisch aufbereitet wurden,
- Probleme, die bei einem Kunden aufgetreten sind und dort sinnvoll und kundenorientiert gelöst werden konnten, in ähnlicher Form auch bei anderen Kunden auftreten können,
- Einwände, die bei einem Kunden auftreten, mit Sicherheit auch bei anderen Kunden auftreten werden. Hat man diese Einwände systematisch erfasst und analysiert, lässt sich beim nächsten Kunden sehr viel besser argumentieren.

Als Konsequenz empfiehlt es sich, jedes Verkaufsgespräch systematisch nachzuarbeiten und jeweils zu prüfen,

- ob das Gesprächsziel bzw. der Kaufabschluss erreicht wurde,
- aus welchen Gründen er nicht erreicht wurde,
- welche Probleme aufgetreten sind,
- welche Einwände vom Kunden kamen und welche Gegenargumente wie erfolgreich waren,
- wie der Kunde auf die Preisargumentation reagiert hat,
- wie der Kunde auf die Produktvorstellung reagiert hat,

- was im Verkaufsgespräch gut gelaufen ist, was eher schlecht gelaufen ist und was man verbessern könnte.

Infobox

Professionelles Nachbereiten fängt übrigens nicht erst nach den Kundenbesuchen am heimischen Schreibtisch an; es fängt schon mit einem ersten Aufzeichnen von Notizen direkt nach dem Besuch an – auch wenn dies zunächst lästig und zeitraubend erscheint. Hetzen Sie daher nicht gleich zum nächsten Kunden, sondern nehmen Sie sich kurz Zeit für eine Art kreative Auswertung des Gesprächs, indem Sie sich kurz die wichtigsten Erfahrungen, Erlebnisse, Gedanken und Einwände des Kunden aufschreiben. Denn direkt nach dem Gespräch sind die Erinnerungen noch am frischesten.

Auf einen Blick

Nacharbeit heißt Erfolgskontrolle. Sie hilft, positive und negative Erfahrungen aus dem Verkaufsgespräch systematisch zu analysieren und für Folgegespräche auszuwerten. Es lohnt sich – denn dann gehen Sie in das nächste Verkaufsgespräch noch sicherer und souveräner!

5.2 Nachbereitung: Die nächsten Schritte

Auf der Basis der systematischen Analyse der Informationen, Notizen und Erfahrungen des letzten Verkaufsgesprächs lassen sich dann konkrete Schritte für das weitere Vorgehen festlegen. Sie betreffen v. a. die folgenden Bereiche:

Ziel des Verkaufsgesprächs

In Bezug auf das Ziel des Verkaufsgesprächs sind folgende Fragen relevant:

- Was ist mein Ziel für den nächsten Kontakt bzw. für weitere Geschäfte?
- Wie lief der Einstieg? Was hätte besser laufen können?
- Worauf ist im Vorfeld bei Kunden dieser Art zu achten?
- Wie lief die Phase der Terminvereinbarung?
- Worauf muss bei der nächsten Terminierung konkret geachtet werden?

Produkt bzw. Leistung

Um das Produkt- oder Leistungspaket weiterentwickeln zu können, sind folgende Fragestellungen relevant:

- Wie ist das Leistungspaket prinzipiell beurteilt worden?
- Wie wurde das Preis-Leistungs-Verhältnis beurteilt?

- Welche Einwände haben sich auf die qualitativen Merkmale bezogen?
- Welche Rückmeldung sollte diesbezüglich an Produkt, Qualitätsmanagement, Vertrieb etc. gegeben werden?
- Welche Hinweise auf Kundenprobleme ergaben sich, die für eine Weiterentwicklung des Produkts hilfreich wären?
- Aus welchen Gründen kam es nun zu einem bzw. keinem Kaufabschluss?

Produktpräsentation

Um die Produktpräsentation im nächsten Gespräch verbessern zu können, helfen folgende Fragestellungen:

- Wie ist die Produktpräsentation beurteilt worden?
- Wie lässt sie sich verbessern?
- Wurden die Medien richtig eingesetzt?
- Welche Techniken lassen sich wie verbessert anwenden?
- Wie kann die Produktpräsentation anschaulicher gestaltet werden?
- Wie lässt sich die Produktpräsentation sinnvoll ergänzen?
- Wurden die Ausführungen verstanden?

Argumentation

Um die Argumentation in Folgegesprächen gezielt zu verbessern, helfen v. a. folgende Fragestellungen:

- Wie ist die Argumentation beurteilt worden?

- In welche Richtung muss sie verändert bzw. verbessert werden?
- Wie erfolgreich war die Argumentationskette?
- Wie lässt sie sich konkret verbessern?
- Welche Argumente könnten noch ergänzt werden?
- Wie ist die Darstellung des Alleinstellungsmerkmals angekommen?
- Ist dieses Merkmal auch vom Kunden so verstanden worden?
- Welche Nutzenargumente waren gut? Welche haben gefehlt?
- Hat der Kunde konkrete Hinweise auf fehlende Argumente gegeben?

Preisverhandlung

Um konkrete Hinweise für zukünftige Preisverhandlungen zu erhalten, helfen folgende Fragen:

- Wie ist die Preisargumentation angekommen?
- Hat der Kunde den genannten Preis akzeptiert?
- Wie hat der Kunde auf die gewählte Preisstrategie reagiert?
- Welche Gegenargumente kamen?
- Wie konnten diese behandelt werden?

Einwände

Um nicht beim nächsten Kunden von Einwänden überrascht zu werden, helfen folgende Fragestellungen:

- Welche Einwände wurden vom Kunden gebracht?

- Wie konnten diese Einwände entkräftet werden?
- Welche Gegenargumente waren wie erfolgreich?
- Wurden auch Scheinargumente gebracht?
- Welche Strategie hat sich als erfolgreich bewährt?
- Wie lässt sich die vorhandene Einwands-Entkräftigungs-Tabelle ergänzen?

Konkurrenz

Einwände, die direkt oder indirekt die Konkurrenz ansprechen, sind bei Verkaufsgesprächen typisch. Umso wichtiger ist es, diese Einwände immer besser kennenzulernen und im Vorfeld schon zu prüfen. Hierbei helfen folgende Fragestellungen:

- Was hat der Kunde explizit oder implizit zur Konkurrenz gesagt?
- Welche Vorteile des Konkurrenzproduktes waren dem Kunden bekannt?
- Welche Nachteile des Konkurrenzproduktes kannte der Kunde?
- Wie stand das eigene Unternehmen im Vergleich zum Konkurrenten da?
- Welche Einwände betrafen konkret die Konkurrenz?
- Hat der Kunde die Konkurrenz im Zusammenhang mit der Preisgestaltung erwähnt?
- Welche die Konkurrenz betreffenden Aspekte müssen im Vorfeld geprüft werden?
- Welche Gegenargumente können helfen, diesen Fragen zukünftig noch besser zu begegnen?

Dissonanzen

Im letzten Kapitel ist deutlich geworden, wie wichtig der Abbau von kognitiven Dissonanzen ist. Je besser dies in vorherigen Gesprächen gelungen ist, desto mehr lässt sich hieraus auch für Folgegespräche lernen. Folgende Fragestellungen helfen hier:

- Welche Dissonanzen könnten auftreten?
- Wie ist versucht worden, diese Dissonanzen im Vorfeld abzufangen?
- Welche Strategie wurde gewählt?
- Wie wurde die Strategie vom Kunden aufgenommen?
- Wie hat der Kunde die angebotene Hilfestellung akzeptiert?
- Wie lief die endgültige Verabschiedung?
- Was könnte man hier verbessern?

Auf einen Blick

Jede Nachbereitung ist die Basis für eine noch bessere Vorbereitung des nächsten Verkaufsgesprächs. Um hierfür konkrete Tipps und Hinweise zu erhalten, muss systematisch geprüft werden, ob und wie die verschiedenen Komponenten des Verkaufsgesprächs verbessert bzw. verändert werden können: Ziel des Verkaufsgesprächs, Produkt und Leistung, Produktpräsentation, Argumentation, Preisverhandlung, Einwände, Konkurrenz und Dissonanz.

5.3 Nachbereitung: Kein Auftrag

Lernen kann man aber nicht nur aus erfolgreichen Verkaufsgesprächen. Gerade nicht erfolgreiche Verkaufsgespräche und damit entgangene Aufträge bieten eine große Chance, zu lernen. Denn auch wenn es immer wieder debattiert wird: Erfahrungsgemäß geht nur ein Teil der Aufträge wegen der Preise verloren. Meistens ist der Preis nur ein vorgeschobener Einwand, hinter dem sich die tatsächlichen Gründe verbergen. Und genau diese Gründe muss man herausfinden, um für weitere Verkaufsgespräche gut vorbereitet zu sein. Wie lässt sich dies erreichen? Am besten wäre natürlich ein weiteres persönliches Gespräch, in dem sich diese Dinge klären ließen. Darauf wird der Kunde jedoch kaum eingehen, denn er hat sich gegen Sie entschieden und ist sicherlich der Meinung, dies richtig gemacht zu haben. Jetzt und in dieser Phase seine Entscheidung anzuzweifeln, ist nicht unbedingt zielführend.

Sinnvoller ist es, den Kunden um ein kurzes Telefonat zu bitten, in dem Sie versuchen, die wahren Gründe zu erfahren. Erkennt der Kunde, dass auf der Seite des Verkäufers aufrichtiges Interesse daran besteht, aus Fehlern zu lernen und auch Kritikpunkte an seinem Auftreten, am Produkt oder auch an der Vorstellung zu erfahren, wird er eher bereit sein, mit Ihnen zu telefonieren und womöglich auch anschließend Interesse daran haben, den Kontakt aufrechtzuerhalten.

> **Infobox**
>
> Denken Sie daran – ein Telefongespräch ist sinnvoll, denn es lässt sich ein wesentlich offenerer Dialog führen, als wenn Sie nur schriftlich per Mail, Fax oder Brief korrespondieren.

Findet das Telefongespräch statt, dürfen Sie

- keine verletzte Eitelkeit zeigen, wenn der Kunde persönliche Fehler im Verkaufsgespräch anspricht,
- sich nicht selbst bedauern oder Ihren Missmut zeigen, auch wenn es Ihnen danach zumute ist,
- auf keinen Fall den Fehler machen, den Konkurrenten schlechtzumachen,
- nicht unsachlich werden und mit dem Fast-Kunden das Diskutieren oder – noch schlimmer – das Streiten anfangen,
- nicht versuchen, die Kaufentscheidung beim Käufer rückgängig zu machen oder infrage zu stellen, und somit Dissonanzen beim Käufer aufbauen.

Viel wichtiger ist es, zu prüfen, wo man die eigene Leistung überschätzt, die Konkurrenz unterschätzt und den Kunden vielleicht falsch eingeschätzt hat. Außerdem eröffnet so ein Telefongespräch die Chance, den ehemaligen Fast-Kunden von seiner eigenen Kompetenz und seinem Wissen zu überzeugen und einen guten Eindruck zu hinterlassen, sodass dieser bei einer anderen Gelegenheit vielleicht wieder den Kontakt sucht.

Das Telefongespräch alleine zeigt zwar schon erste wichtige Anhaltspunkte, stellt aber noch keine systematische Analyse des erfolglosen Verkaufsgesprächs dar. Der professionelle Verkäufer setzt sich gleich nach dem Kundenkontakt mit dem gerade geführten Gespräch auseinander und leitet konkrete Verbesserungsvorschläge für zukünftige Verkaufsgespräche ab. Hierbei hilft folgende Checkliste:

- War das Angebot für den Kunden passend? In welchen Bereichen war es unpassend?
- Welchen Nutzen hätte der Kunde durch einen Auftrag gehabt? Welcher Nutzen geht ihm durch die Ablehnung des Auftrags verloren?
- Ist es gelungen, dem Kunden den Produktnutzen darzulegen? Wieso ist es nicht gelungen?
- Ist es gelungen, die Kaufmotive des Kunden herauszufinden? Welche Motive des Kunden haben den Kauf verhindert?
- Waren die Verkaufsargumente darauf abgestimmt? Wurden die Bedenken des Kunden in die Verkaufsargumentation miteinbezogen?

- Waren die Verkaufsargumente in das Gespräch aktiv integriert? Konnten sie die Zweifel des Kunden ausräumen?
- War das Verkaufsgespräch gut vorbereitet?
- War die Gesprächseröffnung angemessen und vertrauensbildend?
- Wurden visuelle Hilfsmittel benutzt?
- Hatte der Kunde die Möglichkeit, sich aktiv in das Gespräch einzubringen? Wer hatte den größeren Anteil am Gespräch?
- War das Auftreten und Verhalten während des Kundenkontaktes angemessen ?
- Herrschte ein angenehmes Gesprächsklima für den Kunden? Was könnte der Kunde während des Gesprächs als unangenehm empfunden haben?
- Auf welcher Ebene verliefen die Preisverhandlungen? Wurden diese mit dem richtigen Gesprächspartner geführt?
- Bestand eine Chance, den Kunden doch noch zu überzeugen? Warum erschien das Gespräch beendet? Warum erschien das Gespräch gescheitert?
- Welche konkreten Fehler wurden vonseiten des Verkäufers gemacht? Was hätte vermieden werden können?
- Was würde bei einem nochmaligen Gespräch anders gemacht werden?
- Ist es gelungen, die wahren Entscheidungsgründe des Kunden zu erfahren? Sind diese Gründe unumstößlich?

- Wäre es möglich gewesen, das Angebot neu anzupassen, um den Kunden dadurch doch noch zu gewinnen?
- Welche konkreten Punkte lassen sich für zukünftige Gespräche festhalten?
- Welche nächsten Schritte erscheinen sinnvoll?

Auf einen Blick

Sinnvoll ist v. a. die Nachbereitung von missglückten Verkaufsgesprächen und damit verloren gegangenen Aufträgen, um daraus für die Zukunft zu lernen. Gerade hier ist es wichtig,

➜ den Kontakt mit dem Kunden zu suchen – am besten telefonisch – und
➜ aus dem Gespräch anhand eines „lost order reports" konkret für weitere Verkaufsgespräche zu lernen.

163

6. Schwierigkeiten: Erfolgreich meistern

Verkaufsgespräche erfolgreich zu Ende zu bringen, ist anspruchsvoll und herausfordernd. Denn es werden immer wieder Probleme und Schwierigkeiten auftreten. Dies liegt nahe, handelt es sich doch um eine Interaktion zwischen zwei Personen, deren Verlauf nicht nur ausschließlich durch eine Person – den Verkäufer – gestaltet und gelenkt werden kann. Um so wichtiger ist es, schon im Vorfeld zu wissen,

- wie man mit Problemkunden umgeht (6.1),
- was beim Nachfassen zu beachten ist (6.2),
- wie man unzufriedene Kunden richtig behandelt (6.3),
- wie man bei Lieferverzug agiert (6.4) und
- wie eine Absage sachlich und freundlich erfolgen kann (6.5).

6.1 Problemkunden: Diplomatisch agieren

Problemkunden können dem Verkäufer das Leben schwer machen und das Verkaufsgespräch unter Umständen negativ beeinflussen. Doch für einen professionellen Verkäufer stellt dies kein Problem dar, denn es gibt ein paar Tricks, die bei jedem Problemkunden helfen. Zu ihnen zählen positives Denken, diplomatisches Agieren und konstruktives Korrigieren.

Positives Denken

Das Wichtigste ist zunächst die innere Einstellung. Denn Gedanken sind die Quelle für das Verhalten. Je positiver ein Verkäufer über einen Problemkunden denkt, desto optimistischer wird er selbst und desto positiver kann das Verkaufsgespräch ablaufen. In Konsequenz heißt dies,

- die positiven Seiten des Kunden zu suchen, die jeder Kunde hat, und sei er auch noch so schwierig,
- eine möglichst optimistische Ausstrahlung an den Tag zu legen – dann öffnen sich auch die verschlossensten Kundentypen,
- nicht gleich an den Auftrag, sondern erst mal an den Menschen zu denken, um ihn zu gewinnen – dann ist es auch viel einfacher, den Kundenauftrag zu gewinnen.

Infobox

Positiv denken heißt nicht, die Vogel-Strauß-Taktik anzuwenden und die Augen vor den Problemen zu verschließen. Im Gegenteil – positives Denken nimmt Schwierigkeiten durchaus wahr, verhindert aber, dass man sich von ihnen unterkriegen und krank machen lässt. Vielmehr aktiviert es die Kräfte, das Verkaufsgespräch in eine positive Richtung zu lenken.

Diplomatisch agieren

Problemkunde ist nicht gleich Problemkunde. Es gibt Problemkunden, die viel reden, es gibt Problemkunden, die sich durch misstrauisches Verhalten charakterisieren lassen, und es gibt auch Problemkunden, die immer alles besser wissen. So unterschiedlich diese Problemkunden sind, so unterschiedlich müssen sie auch behandelt werden. Ein professioneller Verkäufer erkennt schnell, welche Art von Problemkunden er vor sich hat und reagiert dann entsprechend. Prinzipiell lassen sich folgende Typen unterscheiden, die sich zu Problemkunden entwickeln können:

Der Vielredner

Der typische Vielredner lässt den Verkäufer kaum zu Wort kommen, schneidet ihm häufig das Wort ab, schweift leicht vom Thema ab und zeigt sehr oft extrovertiertes und egozentrisches Verhalten gegenüber dem Verkäufer.

Wie geht man am besten mit ihm um? Den Vielredner sollte man zunächst reden lassen und interessiert zuhören, um dann bei sich bietender Gelegenheit freundlich, aber bestimmt einzusteigen. Dieser Einstieg erfolgt am besten mit einem Lob oder einer Zustimmung, wie z. B. „Also hier kann ich Ihnen nur voll zustimmen und genau dies haben wir auch in unserem Leistungspaket berücksichtigt. Sie können hier …".

Der Schweiger

Ganz anders verhält sich der typische Schweiger; er ist einsilbig und verschlossen, macht höchstens knappe Bemerkungen und ist eher introvertiert.

Wie geht man am besten mit ihm um? Hier ist eine ganz andere Strategie erforderlich. Den Vielredner sollte man durch gezielte Fragen aus der Reserve locken, Interessen ansprechen. Man muss ihm aber auch Zeit lassen und die eigene Rede einstellen, wenn er sich äußert. Achtung: keine Fragen mit Ja-Nein-Antwortmöglichkeiten stellen! Sie locken ihn bestimmt nicht aus seiner Einsilbigkeit.

Der Rechthaberische

Der typische Besserwisser ist auf bestimmte Meinungen fixiert, leicht erregbar, hat ein knappes und energisches Auftreten und ist eher introvertiert und egozentrisch.
Wie geht man am besten mit ihm um? Hier muss zunächst das Geltungsbedürfnis befriedigt werden. Dies funktioniert am besten durch viel Zustimmung und Lob. Auf keinen Fall darf der Verkäufer den Fachmann zeigen und versuchen, den Besserwisser zu belehren. Wichtiger ist es, die Kompetenz des Kunden immer wieder zu betonen.

Der Ängstliche

Typischerweise zeichnet sich der ängstliche Käufer als schüchtern-zurückhaltend, empfindlich, unsicher und introvertiert aus.

Wie geht man am besten mit ihm um? Auf keinen Fall sollte man ihm als Verkäufer das Gefühl geben, ihm das Produkt aufzudrängen oder ihn zu einer Entscheidung zu drängen. Viel wichtiger ist es, ihm Sicherheit zu vermitteln und ihm die Angst zu nehmen. Dies gelingt mithilfe von Demonstrationen, Garantieerklärungen oder auch Referenzen.

Der Misstrauische

Typisches Kennzeichen des misstrauischen Kunden ist eine wachsam-abwartende, lauernd-zurückhaltende, eher wortkarge Haltung. Der Verkäufer wird bei schwachen Punkten oder Produktmerkmalen mit einem größeren Fragenschwall überfallen.

Wie geht man am besten mit ihm um? Das Wichtigste ist hier, keine Angriffspunkte zu bieten, die er dann sofort ausnützen könnte. Realisieren lässt sich dies durch eine behutsame Führung durch das Verkaufsgespräch, in dem dem Kunden v. a. auch die Chance gegeben wird, sich selbst überzeugen zu lassen – z. B. durch Ausprobieren und Nachfragen bei Referenzpersonen.

Der Nervöse

Ein nervöser Kunde fällt auf durch Unruhe, viele Leerlaufbewegungen, eine schnelle und unkonzentrierte Sprechweise mit unvollständigen Sätzen sowie dem ständigen Betonen des Zeitmangels.

Wie geht man am besten mit ihm um? Als professioneller Verkäufer vermeidet man, ihn durch betonte Ruhe zu reizen; besser ist es, den Zeitmangel durch ein knappes Gespräch zu respektieren und sich durch schnelle Reaktionen an die Wesensart des Kunden anzupassen.

Der Unentschlossene
Ein Kunde ist dagegen unentschlossen, wenn er wankelmütig erscheint, sich immer wieder selbst durch „wenn" und „aber" verunsichert oder durch Fragewiederholungen das Gespräch in die Länge zieht.

Wie geht man am besten mit ihm um? Hier hilft nur, durch Loben Mut zur Entscheidung zu geben und ihn

> **Infobox**
>
> Denken Sie an folgende Faustregel: Je selbstsicherer und überheblicher ein Kunde auftritt, desto wichtiger ist es, ruhig zu bleiben, Interessen und Eitelkeit des Kunden anzusprechen, subjektorientiert zu argumentieren und den Wert des Produkts für die Person herauszustellen. Je gehemmter und unsicherer der Kunde auftritt, desto wichtiger ist es, den Kunden zu beleben, ihm Mut zu machen, den Kunden nicht zu unterbrechen, stärker objektbezogen zu argumentieren und den Wert und die Bedeutung des Erzeugnisses an sich herauszustellen.

über klare Entscheidungsvorschläge zu einer Entscheidung hinzuführen. Unsicherheiten lassen sich durch Garantieerklärungen und Referenzen beseitigen. Fruchten diese nicht, kann es hilfreich sein, Druck auszuüben und den Kunden so zu einer Entscheidung quasi zu zwingen.

Konstruktiv korrigieren

Solange es stimmt, was ein Problemkunde – unabhängig welcher Art – sagt, ist ja alles in Ordnung. Sobald er jedoch Behauptungen aufstellt, die falsch sind, müssen sie widerlegt und korrigiert werden. Dies ist nicht einfach, zumal man als Verkäufer bei einem Erstkontakt noch nicht so gut mit dem Kunden vertraut ist.

Wie lassen sich falsche Kundenäußerungen richtig stellen, ohne den Gesprächspartner zu verletzen oder die Beziehung zu zerstören?

Entscheidend ist es, im Gespräch sachlich und kompetent und auf keinen Fall überheblich zu wirken. Denn es kommt nicht darauf an, das letzte Wort zu behalten. Wichtiger ist es, den Kunden kompetent darauf hinzuweisen, dass er hier eine falsche Information besitzt oder einen Denkfehler gemacht hat. Realisierbar ist dies, indem Sie Verständnis zeigen – z. B. durch Äußerungen wie „Ich verstehe Ihre Meinung, aber ich bin mir nicht sicher, ob die Ihnen zur Verfügung stehenden Informationen tatsächlich der Realität entsprechen" oder „Verständlich, dass Sie das so sehen, nur sieht die Fachpresse das etwas anders" oder „Ihr Schluss ist nachvollziehbar, aber Ihren Gedankengang kann ich jetzt nicht ganz verstehen". Ein professioneller Verkäufer gibt dem Kunden im ersten Satz recht, im zweiten sagt er dann, was tatsächlich stimmt. Dabei bezieht er sich soweit wie möglich auf möglichst objektive Informationen wie Unterlagen, Urteile, Gutachten oder auch Referenzen. Allerdings braucht man Zeit, um eine festgefahrene Meinung zu ändern; dies lässt sich nicht in wenigen Minuten realisieren.

Neben dieser grundsätzlichen Regel – erst Zustimmung, dann Widerlegung durch Fakten – helfen noch folgende Tipps für den konkreten Umgang mit Fehlern von Kunden:

● Zeigen Sie sich überrascht bei falschen Aussagen des Kunden und fragen Sie ihn sofort, woher er die Information hat. Dies gilt v. a. für Informationen, die das eigene Produkt oder das eigene Unternehmen betreffen.

● Machen Sie es ihm einfach, eine falsche Behauptung zurückzuziehen.

● Weisen Sie den Kunden auf seine Falschaussage nur dann hin, wenn es für den Gesprächsverlauf wichtig ist; lassen Sie ihn bei seinem Glauben, wenn es keine Rolle spielt.

● Werden Sie auf keinen Fall persönlich und vermeiden Sie die Bloßstellung des Kunden!

● Korrigieren Sie nur, wenn Sie Ihrer Sache absolut sicher sind. Denn ganz schlecht ist es, wenn Sie den Kunden verbessern und sich dann herausstellt, dass dieser doch recht hatte.

> Denken Sie v. a. bei Besserwissern daran: Beweise für Falschaussagen sind gut, sollten aber nicht als Triumph oder als Mittel eines Wettbewerbs betrachtet werden. Daher gilt auch hier: Erkennen Sie immer die Inhalte an, in denen der Kunde recht hatte.

Vermeiden sollten Sie
- ein Korrigieren am Telefon – es fehlt der persönliche Kontakt und eine Klarstellung kann leicht als Kritik ausgelegt werden,
- ein Korrigieren vor den Kollegen – es gelingt leichter, wenn Sie mit dem Kunden alleine sind, denn dann muss er sich nicht rechtfertigen,
- ein Korrigieren hinter dem Rücken, denn er erfährt es auf jeden Fall und ist dann zu Recht verärgert,
- ein Korrigieren, das die Meinung des Kunden komplett negiert; sinnvoller ist es, zunächst einen falschen Punkt zu erwähnen und diesen dann zu revidieren. Eine passende Äußerung wäre hier z. B. „In Bezug auf die Punkte 1–4, Herr Müller, stimme ich Ihnen zu. Auf Punkt 5 möchte ich später zurückkommen; diesen Punkt sehe ich anders".

Auf einen Blick

Problemkunden lassen sich nicht vermeiden; wichtiger ist es,

➜ ihre Stärken zu erkennen und mit einer positiven Ausstrahlung auf sie zuzugehen,

➜ die typischen Merkmale zu erkennen und entsprechend zu agieren,

➜ sie konstruktiv und positiv bei Falschaussagen zu korrigieren.

6.2 Nachfassen: Erneuter Kontakt

Ein typischer Fall: Das Verkaufsgespräch verlief positiv, der Kunde hat ein konkretes Angebot verlangt und der Verkäufer hat es ihm geschickt. Was tun, wenn der Auftrag jetzt ausbleibt? Anrufen und nachfragen oder weiter warten? Dies ist eine schwierige Frage, lässt sich aber einfach beantworten: Je härter der Wettbewerb wird, desto wichtiger ist es, die Angebote systematisch nachzuverfolgen und nachzufassen. Denn jedes Nachfassen zeigt zunächst Interesse am Kunden und wertet ihn auf, was sich positiv auf seinen Entscheidungsprozess auswirken kann. Für den Kunden besteht der wesentliche Vorteil darin, dass er in der Zwischenzeit auftretende

Probleme besprechen kann; der Verkäufer kann die Gründe erfahren, weshalb ein Auftrag noch nicht zustande gekommen ist oder wann konkret entschieden wird. Merkt der Verkäufer dabei, dass der Entscheidungsprozess festgefahren ist, bietet es sich möglicherweise an, das Angebot neu zu erstellen, die Preise nochmals zu kalkulieren oder die Serviceleistungen anzupassen.

Bevor man als Verkäufer jedoch hektisch zum Telefon geht und den Kunden anruft oder ihm eine E-Mail schickt, sollte man sich zunächst fragen:

- Um welches Angebot geht es konkret?
- Wie soll die Nachfassaktion stattfinden – per Telefon, per E-Mail oder per Fax? Auch wenn Geschriebenes verbindlich wirkt und es einfacher ist, eine E-Mail zu schreiben, empfiehlt sich doch das Telefon – es ist persönlich, auf Fragen kann man direkt reagieren und man kann sich direkt an den Entscheider wenden.
- Wann ist ein Nachfassen sinnvoll? Es sollte nicht zu früh, aber auch nicht zu spät sein.
- Wer ist der unmittelbare Ansprechpartner bzw. Gesprächspartner aus dem Verkaufsgespräch?
- Wie reagiert man, wenn der Kunde sich noch nicht entschieden hat? In diesem Fall ist es wenig hilfreich, einen neuen Anruftermin zu vereinbaren. Sinnvoller ist es, nach der Entscheidungsreife zu fragen („Wann entscheiden Sie?") oder nach dem Entscheidungs-

grund zu fragen („Wovon hängt Ihre Entscheidung jetzt konkret ab?").

● Wie oft sollte man nachfassen? Mehr als zwei- oder dreimal kann und sollte man nicht nachfassen. Es sei denn, der Kunde hat im letzten Gespräch ein ernsthaftes Interesse signalisiert oder aber es existiert eine neue Idee zur Ergänzung des Angebots.

> **Infobox**
>
> Versuchen Sie immer, den Entscheider am Telefon zu haben, und beauftragen Sie keine dritte Person, dem Entscheider eine Telefonnotiz hinzulegen. Dann sind Sie in der „Warteschleife", aus der es schwierig ist, herauszukommen – v. a., wenn sich der Kunde eigentlich schon gegen das Produkt entschieden hat.

Der Erfolg einer Nachfassaktion steht und fällt mit dem Beginn. Ist die Gesprächseröffnung eher ungeschickt – z. B. durch Äußerungen wie „Ich wollte mich mal erkundigen, ob Sie sich wegen des Angebots schon entschieden haben" oder „Ich möchte mal nachfragen, ob wir jetzt mit Ihrem Auftrag rechnen können" wird die Nachfassaktion kaum zum Erfolg führen. Denn hier gilt Ähnliches wie beim Verkaufsgespräch allgemein: Der erste Satz ist wie der erste Eindruck. Stellen Sie daher nach der Begrüßung gleich eine Frage wie z. B. „Wie gefällt Ihnen mein Angebot über … ?" oder „Was meinen Sie zu meinem Angebot vom ... ?" oder auch „Was hat Ihnen an meinem Angebot gefallen?"

Professionelle Verkäufer stellen immer eine W-Frage, denn diese wird ausführlicher beantwortet als Ja-Nein-Fragen. Hat der Kunde das Angebot noch nicht geprüft oder stellt sich heraus, dass er noch auf weitere Angebote wartet, hat es wenig Sinn, weiterzudiskutieren. Kommen Sie dann freundlich zum Ende, indem Sie ihn konkret fragen: „Wann darf ich mich in dieser Sache wieder bei Ihnen melden?"

Auf einen Blick

Nachfassen ist wichtig, um Interesse zu wecken, Fragen des Käufers zu klären und erneut auf die Wünsche des Käufers einzugehen – auch wenn dies möglicherweise zu einer Änderung des ursprünglichen Angebots führt.

6.3 Unzufriedene Kunden: Richtig behandeln

Anlässe für Beschwerden und unzufriedene Kunden gibt es immer wieder: technische Mängel, der Liefertermin wurde nicht eingehalten, die Preise sind höher als besprochen, zusätzliche Leistungen waren doch nicht kostenlos usw. Das Problem ist, dass unzufriedene Kunden schnell dramatisieren und mit negativen Maßnahmen für das Unternehmen drohen. V. a. drohen sie damit, negative Mundpropaganda zu machen. Und dies ist tatsächlich negativ, denn sie lässt sich kaum beeinflussen und hat unter Umständen nachhaltige Folgen.

> **Infobox**
>
> **Wussten Sie es? Durch nur zehn unzufriedene Kunden erfahren weitere 140 Personen etwas Negatives über das Unternehmen. Welche Firma kann sich dies leisten?**

Insofern ist es wichtig, unzufriedene Kunden ernst zu nehmen und möglichst frühzeitig umzustimmen. Konkret bedeutet dies,

- eine Reklamation wie einen Auftrag zu betrachten,
- unzufriedene Kunden als wichtige Personen zu akzeptieren,
- unzufriedene Kunden als Kunden und nicht als Nörgler zu sehen,
- eine Reklamation nicht als Störung der Arbeit zu betrachten,
- einen unzufriedenen Kunden als Chance zu sehen, ihn umzustimmen und zufriedenzustellen,
- einen unzufriedenen Kunden als Menschen mit Gefühlen wie Ärger und Aufregung zu betrachten,

- einen unzufriedenen Kunden möglichst freundlich und aufmerksam zu behandeln und ihm schnellstmöglich versuchen, zu helfen.

Doch selbst wenn man versucht, auf unzufriedene Kunden möglichst positiv zuzugehen und mit ihnen sachlich zu diskutieren, ist dies schwierig, da diese sich zunächst einmal ein Ventil suchen, um ihren Ärger oder ihre Enttäuschung loszuwerden. Und dieses Ventil stellen Sie als Verkäufer dar! Um so wichtiger ist es, den unzufriedenen Kunden erst einmal ausreden zu lassen und ihm die Chance zu geben, seinen Ärger kundzutun. Denn je mehr er sich abreagieren kann, desto leichter ist es anschließend, das Gespräch sachlich fortzusetzen. Signalisieren Sie dabei Geduld und Verständnis – indem Sie z. B. Formulierungen wie „Ich kann mir gut vorstellen, wie Ihnen jetzt zumute ist" oder „Das ist wirklich ein Problem für Sie – ich verstehe Sie". Viele unzufriedene Kunden sind schon damit zufrieden, wenn sie recht bekommen.

Doch auch wenn der Kunde dann schon milder gestimmt ist, ist er noch nicht zufrieden, denn der Grund seiner Beschwerde ist ja noch nicht behoben. Hier hilft nur eines: Bearbeiten Sie die Beschwerde möglichst schnell, denn die Chance, den Kunden umzustimmen, steht und fällt mit der Dauer der Erledigung. Je schneller und gründlicher die Problemlösung erfolgt und je verlässlichere Zusagen und Präventivmaßnahmen versprochen werden, desto eher ist der Kunde wieder positiv gestimmt. Und darauf kommt es ja letztlich an!

Vermeiden sollten Sie auf jeden Fall, die Schuld bei anderen Unternehmen oder Abteilungen zu suchen. Typische Beispiele sind hier „Es tut mir sehr leid, dies liegt an unserem Zulieferer" oder auch „Unser Kundendienst hat hier mal wieder einen Fehler gemacht". Auch wenn es stimmt – der Kunde hat einen Vertrag mit Ihnen und Sie sind sein Ansprechpartner. Arbeitet der Kunde professionell, wird er eine solche Schuldzuweisung auch nicht so schnell vergessen.

Auf einen Blick

Unzufriedene Kunden sind sehr gut zu behandeln; denn nur, wenn man sie und ihre Probleme kennt, kann man sie umstimmen und ein negatives Empfehlungsmarketing vermeiden. Darum gilt hier:

→ den Kunden konstruktiv und wertschätzend
   behandeln,
→ den Kunden erst einmal ausreden und sich
   abreagieren lassen,
→ den Kunden ernst nehmen und Verständnis
   zeigen,
→ auf Reklamationen eingehen und sachliche
   Lösungen suchen,
→ Beschwerden schnell und gründlich erledigen,
→ keine fremden Schuldzuweisungen machen.

6.4 Lieferverzug: Rechtzeitig agieren

Viele Kundenbeschwerden sind auf verzögerte Lieferungen zurückzuführen. Professionelle Verkäufer kommen diesen Kundenbeschwerden zuvor, indem sie dem Kunden sofort melden, wenn sie erkennen, dass ein Liefertermin nicht eingehalten werden kann. Denn es macht natürlich einen sehr viel besseren Eindruck, wenn man sich selbst beim Kunden meldet und nicht erst wartet, bis der Kunde die berechtigte Beanstandung hervorbringt. Allerdings sollte man nicht bis zum letzten Termin warten, sondern möglichst schnell anrufen oder ein Fax bzw. eine E-Mail schicken.

Die Vorteile liegen auf der Hand: Der Ärger wird gleich im Keim erstickt, die Vertrauensbasis mit dem Kunden wird gestärkt und der Kontakt wird insgesamt verbessert. Dies gilt v. a. dann, wenn es gelingt, die Ankündigung des Lieferverzugs bereits mit einem konkreten Neuvorschlag zu verbinden. Typische Beispiele für gebräuchliche Praktiken sind eine Teillieferung, Ersatzprodukte oder auch das Ausleihen von Produkten oder Artikeln.

Einfach ist ein derartiges Gespräch nicht. Doch mit der richtigen Vorbereitung und sachlichen Vorschlägen kann man solche Gespräche für beide Seiten angenehm gestalten. Beherzigen Sie dazu ein paar Grundregeln:

- Die Schuld nie auf den Lieferanten schieben.
- Engpass lieber mit einer unerwartet hohen Nachfrage statt mit Lieferproblemen oder mit defekten Maschinen begründen.
- Nie hilflos wirken durch Äußerungen wie „Es tut mir sehr leid, es liegt nicht in meiner Hand".
- Konkrete Vorschläge machen – der Kunde möchte wissen, was geht, und nicht hören, was nicht geht.
- Wütende Äußerungen des Kunden ernst nehmen, aber nicht daran verzweifeln. Immer daran denken, dass diese eher den Vorfall und nicht den Verkäufer als Person betreffen.

Auf einen Blick

Kommt es zu Lieferverzögerungen, muss der Kunde möglichst zeitnah informiert werden, um Beschwerden zuvorzukommen. Je mehr konkrete Alternativen und Vorschläge der Kunde dabei erhält, desto besser – für ihn und den Verkäufer.

6.5 Absage: Sachlich und freundlich

Absagen an den Kunden sind immer unangenehm und unerfreulich. Da ist es egal, ob es sich um Lieferverzug, Lieferausfall, nicht einzuhaltende Termine oder überzogene Budgets handelt. Für den Verkäufer ist es besonders schwierig, denn er ist meist nicht der Verursacher, sondern lediglich der Überbringer und somit derjenige, der den Ärger hautnah mitbekommt. Aber gerade deshalb muss auch der beste Verkäufer damit rechnen, in diese Situation zu kommen. Um so wichtiger ist es, ein paar Grundregeln zu kennen:

Kein Zögern
Sobald sich eine Absage als notwendig herausstellt – z. B. aufgrund eines Lieferausfalls oder eines nicht einzuhaltenden Abgabetermins – muss der Kunde informiert werden.

Absagen oder schlechte Nachrichten für den Kunden dürfen nicht auf die lange Bank geschoben werden.

Kein Verpacken

Schlechte Nachrichten sind einfach schlechte Nachrichten; da hilft kein Verpacken in viele gute Worte. Sinnvoller ist es daher, sofort auf den Punkt zu kommen und die schlechte Nachricht zu vermitteln.

Kein Delegieren

Für die Übermittlung schlechter Nachrichten ist der Verkäufer bzw. der Ansprechpartner zuständig und keine dritte Person, die der Kunde möglicherweise noch gar nicht kennt. Denn wer sich hinter anderen versteckt, gilt als feige.

Keine E-Mail

Absagen per E-Mail oder Fax lassen sich zwar schnell realisieren und sind auch einfacher; auf den Kunden wirkt es aber unter Umständen unprofessionell. Dies gilt insbesondere dann, wenn der primäre Kontakt bisher per Telefon oder Brief stattfand. Um schlechte Nachrichten zu überbringen, ist es daher immer besser, zu telefonieren als zu schreiben.

Kein „Tut mir leid"

Gleich zu Beginn des Kontakts ist es wichtig, dem anderen Verständnis zu zeigen. Dies gelingt durch Äußerungen wie „Herr Müller, ich glaube, Sie werden nicht besonders erfreut sein über meinen Anruf" oder „Herr Müller, ich kann mir vorstellen, dass Sie gleich ziemlich verärgert sein werden, aber ich muss den Termin nächste Woche absagen". Floskeln wie „Es tut mir leid" oder „Ich hoffe auf Ihr Verständnis" sollten vermieden werden, sie sind eher wirkungsschwach.

Kein Weglassen von Informationen

Der Kunde muss erkennen können, was los ist. Denn je genauer er einzelne Details nachvollziehen kann, desto größer wird seine Akzeptanz sein. Daher hat er ein Recht auf Hintergrundinformationen und auch ein Recht darauf, zu erfahren, was konkret getan wurde, um die schlechte Nachricht bzw. die Absage noch zu verhindern.

Auf einen Blick

An den Kunden schlechte Nachrichten und Absagen zu vermitteln, ist nicht einfach, sollte aber zeitnah, direkt, persönlich, ohne Floskeln und mit Hintergrundinformationen erfolgen, damit das Vertrauen, das der Kunde seit dem ersten Kontakt zum Verkäufer aufgebaut hat, nicht zu sehr gestört wird.

Register

Register

W

Z

Inhalt

Vorwort

Die Reihe Büro-Spicker richtet sich an alle, die ihre eigenen Kenntnisse verbessern und im Beruf weiterkommen wollen. Die praktischen Ratgeber bieten schnelle und kompetente Hilfe zu allen berufsrelevanten Themen.

Der Kunde ist König – dieser Leitspruch ist weithin bekannt. Wie man diesen als Verkäufer in die Tat umsetzt und zu erfolgreichen Geschäftsabschlüssen gelangt, zeigt dieser Band *Verkaufspsychologie* Schritt für Schritt auf. In Zeiten reger Konkurrenz kommt es bei Kundenkontakten bereits vom ersten Augenblick an auf Feingefühl, Sympathie und Vertrauen zwischen Kunde und Verkäufer an. Deshalb werden Sie in diesem Ratgeber über die drei Phasen des Kundenkontakts, von der ersten Kontaktaufnahme hin zum Verhandlungsgespräch bis zur erfolgreichen Abschlussphase ausführlich informiert. Der Aufbau einer positiven Grundstimmung als Basis für gute Kommunikation wie auch der Umgang mit Misserfolgen oder Schwierigkeiten werden hier außerdem beleuchtet.

In diesem modernen Ratgeber finden Sie alles, was Sie als souveräner und erfolgreicher Verkäufer brauchen, um Ihre Kundenkontakte und Geschäftsabschlüsse zukunftsträchtig und nachhaltig zu gestalten.

Wir wünschen Ihnen auf Ihrem beruflichen Weg viel Erfolg.

1. Verkaufspsychologie: Bedeutung, Aufgaben und Inhalte

Entwicklung und Herstellung Erfolg versprechender Produkte und Dienstleistungen reichen oft nicht mehr – sie müssen auch verkauft werden. Es müssen Kunden gefunden und von der Qualität bzw. dem Nutzen des Produkts bzw. der Dienstleistung überzeugt werden. Dies ist in Zeiten eines zunehmend härteren Wettbewerbs nicht ganz einfach. Denn einerseits schläft die Konkurrenz nicht, sodass sich Produkte und Märkte immer ähnlicher werden – man denke beispielsweise nur an Baumärkte oder auch die Möbelindustrie. Zum anderen wird der Kunde immer anspruchsvoller und möchte genau wissen, warum er sich beim Einkauf für ein Unternehmen oder ein bestimmtes Produkt entscheiden soll. Gerade in stark umkämpften Märkten oder auch bei qualitativ

> **Infobox**
>
> Früher war dies einfach: Der Verkaufsvorgang an sich spielte eine eher untergeordnete Rolle; der Kunde kaufte die erstellten Produkte zu den vorgegebenen Preisen. Die Zeiten dieses sogenannten Verkäufermarktes sind vorbei. Mittlerweile haben wir einen Käufermarkt: Der Kunde wird zunehmend kritischer und wägt seine Kauf- und Preisentscheidungen sehr genau ab.

hochwertigen Produkten wird das zielorientierte Verkaufen daher immer wichtiger.

Zielorientiertes Verkaufen gelingt jedoch nur dann, wenn man weiß, wie man den potenziellen Käufer von dem Nutzen und der Qualität seines Produkts überzeugen kann. Dies erfordert psychologische Grundkenntnisse. Denn letztlich entscheiden hier vorhandene oder fehlende Kenntnisse über erzielte oder auch nicht erzielte Verkaufserfolge. Daher sind Grundkenntnisse der Verkaufspsychologie für jeden Verkäufer – sei er Unternehmer, Vertriebsmitarbeiter oder Freiberufler – unbedingt erforderlich.

Vor diesem Hintergrund befindet sich im folgenden Kapitel zunächst eine Einführung in Verkaufspsychologie allgemein, bevor in den nachfolgenden Kapiteln konkrete Strategien und Methoden für jede wichtige Verkaufsphase erläutert werden. Zunächst geht es in diesem ersten Abschnitt aber darum,

- den Begriff der Verkaufspsychologie zu erläutern (1.1),
- die Bedeutung der Verkaufspsychologie hervorzuheben (1.2),
- die Ziele Kundenorientierung und Kundenbindung näher zu erläutern (1.3),
- das Wichtigste zur Kommunikation und Motivation – quasi als psychologische Grundlagen – darzustellen (1.4) sowie

- die typischen Phasen eines Verkaufsgesprächs aufzuzeigen (1.5): die Kontakt-, die Verhandlungs-, die Ab-
schluss- und die Nachbereitungsphase.

1.1 Begriff: Verkaufspsychologie

In einem typischen Verkaufsvorgang sind mindestens
zwei Akteure vorhanden – der Verkäufer und der potenzielle Käufer –, die sich gegenseitig beeinflussen. Ziel
des Verkäufers ist es, den Käufer von der Qualität und
dem Nutzen des Produkts zu überzeugen; Ziel des Käufers ist es, zu prüfen, warum er jetzt sein Geld für genau
dieses Produkt dieses Unternehmens ausgeben soll. Dabei ist weniger die objektive Qualität des Produkts relevant als vielmehr die vom Käufer wahrgenommenen Eigenschaften des Produkts einerseits sowie der von ihm
erwartete Nutzen dieses Produkts andererseits. Der Verkäufer muss also wissen, wie er den Käufer zu einem
Kauf motivieren kann und wie er ihn von den Eigenschaften des Produkts überzeugen kann.

Und genau hiermit setzt sich die Verkaufspsychologie
auseinander:
- Wie nimmt der potenzielle Käufer welche Eigenschaften wahr?
- Wie lassen sich potenzielle Käufer überzeugen?
- Welches sind die Motive potenzieller Käufer, die
letztlich zum Kauf anregen?

- Welche Emotionen des potenziellen Käufers lassen sich wie wecken?
- Wie lassen sich potenzielle Käufer gezielt ansprechen?
- Welche Rolle spielen sprachliche und nicht sprachliche Kommunikationsprozesse im Verkaufsgespräch?
- Welche Argumente beeinflussen potenzielle Käufer?
- Wie können Verkäufer individuelle Präferenzen und Aversionen potenzieller Käufer erkennen?

Letztlich zielt die Verkaufspsychologie darauf ab, ein Verkaufsgespräch so zu gestalten, dass sich der potenzielle Käufer für einen Kauf des Produkts entscheidet.

1.2 Bedeutung: Verkaufspsychologie in modernen Unternehmen

Genau dies wird in modernen Unternehmen immer wichtiger. Denn der Wettbewerb wird zunehmend verschärft. Dies bedeutet nicht nur, dass verstärkt direkte Konkurrenten auftreten, die dasselbe Produkt verkaufen. Dies bedeutet auch, dass zunehmend Konkurrenten auftreten, die in den Wettbewerb um das vorhandene knappe Zeit- und Geldbudget eintreten. Folgendes Beispiel verdeutlicht dies: Frau Maier hat einen Abend pro Woche frei und kann sich aufgrund ihres Budgets entweder einen Kinobesuch oder einen Besuch in der Pizzeria leisten. Beide Anbieter – das Kino und die Pizzeria – sind keine direkten Konkurrenten; indirekt stehen sie aber im Wettbewerb um das knappe Zeit- und Geldbudget von Frau Maier.

Je mehr direkte und indirekte Konkurrenzprodukte entstehen, desto wichtiger wird es für Unternehmen, ihre potenziellen Käufer und Kunden von genau ihren Produkten zu überzeugen. Denn auch die potenziellen Käufer und Kunden haben sich verändert. Gerade aufgrund ihres knappen Geld- und Zeitbudgets einerseits und vor dem Hintergrund des zunehmenden Angebots an Produkten und Dienstleistungen andererseits werden sie kritischer und prüfen genauer, ob die angebotenen Produkte und Dienstleistungen tatsächlich ihren Wert haben.

Steigende Konkurrenzangebote einerseits und kritische Kunden andererseits heißt für Unternehmen in der Konsequenz: Es reicht nicht, qualitativ gute Produkte und Dienstleistungen zu erstellen bzw. anzubieten; sie müssen genau davon auch ihre Kunden und potenziellen Käufer überzeugen. Basis hierfür sind die verschiedenen Formen und Instrumente des Marketings, aber eben auch das direkte Verkaufsgespräch mit dem Kunden. Und um dieses erfolgreich gestalten und steuern zu können, sind Kenntnisse in den wichtigsten Methoden und Instrumenten der Verkaufspsychologie hilfreich.

1.3 Ziele: Kundenorientierung und Kundenbindung

Kommen Verkaufsgespräche zum erfolgreichen Abschluss, kauft der Kunde das Produkt. Damit scheint das wesentliche Ziel erreicht zu sein. Kluge Unternehmen denken jedoch weiter und halten sich die Grundregel der Kundenorientierung und -bindung vor Augen: Es ist besser, der Kunde kommt zurück als das Produkt. Dies bedeutet: Ziel einer Verkaufsaktion darf es nicht nur sein, den Kunden mithilfe verkaufspsychologischer Techniken so zu überzeugen, dass er das Produkt kauft; Ziel muss es sein, ihn so zu überzeugen, dass er das Produkt kauft und diesen Kauf anschließend nicht bereut. Denn nur so besteht die Chance, dass er als Kunde zurückkommt und dass eine richtige Kundenbindung aufgebaut werden kann.

Primäres Ziel verkaufspsychologischer Maßnahmen ist es somit nicht, den Kunden zu manipulieren oder ihm Versprechungen zu geben, die das Produkt nicht einhalten kann. Möglicherweise kauft er dann zwar, wird aber nicht zurückkommen und im schlimmsten Fall sogar dafür sorgen, dass auch andere potenzielle Kunden von seinen negativen Erfahrungen hören. Primäres Ziel muss vielmehr sein, den Kunden so nachhaltig vom Nutzen des Produkts zu überzeugen, dass er den Kauf nicht bereut und im besten Fall auch andere von dem Produkt oder dem Unternehmen positiv berichtet und sie zu einem Kauf animiert. Für die Anwendung verkaufspsychologischer Techniken bedeutet dies, dass Kundenorientierung von Anfang an im Vordergrund stehen muss und nur so eine nachhaltige Kundenbindung erreicht werden kann.

Denn letztlich ist die Gewinnung eines neuen Kunden im Durchschnitt fünfmal teurer als die Bindung alter Kunden. Langfristiges Ziel eines Verkaufsgesprächs sollte es daher sein, eine nachhaltige und tragfähige Beziehung zwischen dem Verkäufer und dem Kunden aufzubauen und diese immer wieder zu erneuern und zu verstärken. Dies lässt sich am besten dadurch erreichen, dass die Verkaufssituation auch vom Kunden als Win-win-Situation wahrgenommen wird, in der auch er als Kunde